THE

MISSING
README

程序员的
README

[美] 克里斯·里科米尼（……
德米特里·里亚博……

付……

U0287821

人民邮电出版社
北　京

图书在版编目（CIP）数据

程序员的README / （美）克里斯·里科米尼
(Chris Riccomini)，（美）德米特里·里亚博伊
(Dmitriy Ryaboy) 著；付裕译. — 北京 ：人民邮电出
版社，2023.7
ISBN 978-7-115-59943-8

Ⅰ. ①程… Ⅱ. ①克… ②德… ③付… Ⅲ. ①软件工
程 Ⅳ. ①TP311

中国版本图书馆CIP数据核字 (2022) 第159380号

- ♦ 著　　　[美] 克里斯·里科米尼（Chris Riccomini）
　　　　　　德米特里·里亚博伊（Dmitriy Ryaboy）
　　译　　　付 裕
　　责任编辑　郭 媛
　　责任印制　王 郁　焦志炜
- ♦ 人民邮电出版社出版发行　　北京市丰台区成寿寺路 11 号
　　邮编　100164　电子邮件　315@ptpress.com.cn
　　网址　https://www.ptpress.com.cn
　　固安县铭成印刷有限公司印刷
- ♦ 开本：880×1230　1/32
　　印张：8.5　　　　　　　2023 年 7 月第 1 版
　　字数：203 千字　　　　 2023 年 7 月河北第 1 次印刷
　　著作权合同登记号　图字：01-2022-1877 号

定价：79.80 元

读者服务热线：(010)81055410　印装质量热线：(010)81055316
反盗版热线：(010)81055315
广告经营许可证：京东市监广登字 20170147 号

内容提要

对于刚刚成为软件工程师的新手来说，知道如何编写代码只是成功了一半。你可能很快就会发现，学校并没有教授在现实世界中至关重要的技能和工作中必要的流程。本书恰恰填补了这一环节，它是作者十多年来在大型公司指导初级工程师工作的教程，涵盖软件工程的基础知识和最佳实践。

本书第1~2章讲解当你在公司开启你的职业生涯时会发生什么；第3~11章会扩展你的工作技能，教你如何使用现有代码库、解决和防止技术债、编写生产级软件、管理依赖关系、有效地测试、评审代码、交付软件、处理 On-Call 时的事故和构建可演进的架构等；剩余章节涵盖管理能力和职业阶梯的提升等相关内容，例如敏捷计划、与管理者合作以及成长为资深工程师的必经之路。本书中非常重要的一部分内容是教你如何应对糟糕的管理，以及如何调整自己的节奏。

本书内容不仅浅显易懂，还覆盖整个软件开发周期，是一本技术主管希望每名新入行的工程师在开始工作之前都能阅读的书。

推荐序

就职于一家软件公司，对于刚毕业的学生或已经拥有几年工作经验的软件工程师来说，都可能是令人望而生畏的。

对于刚毕业的学生来说，他们可能只经历过一些规模较小的项目，所以大概会对技术概念和大规模的企业代码感到不知所措。这本书是一本极好的入门级教程，有助于他们从软件工程专业的学生转变为独当一面的工程师，通过公司特定的流程，使用特定的工具来编写高质量、生产级、可测试的代码。

对于拥有几年工作经验的软件工程师来说，他们可能会在新的工作方式、工具和流程上遇到挑战，更不用说与新人协作时的社交难题了。随着软件开发行业的与时俱进，工程师之间也可能存在技术上的差距。这本书是一本非常好的用于自我精进的教程，尤其除第 1 章和第 14 章外，每章末尾都有"升级加油站"，读者可以按图索骥，找到更匹配自己的内容。

人类是具有习惯的生物。虽然软件工程师可能会被一些人视为特殊人群，但他们也可能会陷入习惯中。作为一名软件工程师，不断地学习和发展至关重要，不管当前的经验或职位怎样，这本书对每一名志在从事软件开发工作的人员都很有用。一名成熟的软件开发者的标志是打破固有的习惯，批判性地回顾旧代码，发现瑕疵，做到自省，且为没多做些什么而感到羞愧。

在本书的前几章中，"提问"就被高度重视，这让我感到非常高兴。向同事提问和学习是快速成长和习得新技能的有效方式。为你的工作成果感到自豪通常是件好事，但当自己在持续改进和交付中比以前做得更好时，你应该优先感到自豪。

这本书针对如何改进、如何学习、如何推进职业生涯发展，以及如何成为一名更好的开发者提供不同的方法和步骤。这本书包含适应团队的工作流程、处理会议、如期交付、善用学习工具和技术领域的最佳实践，并指导人们如何成为团队中有价值的成员。

向资深工程师寻求帮助可能会让人感到一丝畏惧，因为打断他们的工作通常是不妥的。资深工程师往往在聚精会神工作时会因为被打扰而失去在脑海中已构建的系统的短期记忆，但大多数资深工程师都很愿意提供帮助，优秀的资深工程师更是以指导和协助他人为荣。如果你在寻求帮助时感受到了敌意，大可不必心烦意乱，因为这在每个人身上都可能发生。不要让某一次糟糕的遭遇阻断了你再次寻求帮助的欲望。但总是打断他人的工作并非是合适的，这时就可以使用这本书中涵盖的其他策略和原则，它们都可以指导你将职业生涯提升到新的阶段。

无论你处于职业生涯的哪个阶段，这本书都非常实用。请保持开放的心态，好学深思，渴望提高，不惧破旧习，不惧提问题。

雅克·奥洛夫松（Jerker Olofsson）
索尼移动公司前核心架构师

译者序

本书的两位作者在最后一章中说："你可以为任何行业做出贡献，从科学到农业、健康、娱乐，甚至是太空探索。"我一直都认为软件工程师的工作带来的成就感并不亚于小说家、建筑师或音乐家。软件开发本身带来的欣喜是一种"尤里卡时刻"的幸福体验，尤其是在无数个面对调试器"狂按"F10 键的夜晚，自己提交的特性成功上线时的喜悦，抑或是眼看着自己设计的技术架构方案从纸面上的框图到代码实现再到最终交付的满足感。

当然在软件行业工作也有艰辛，变动的需求、阻滞的沟通、糟糕的管理和紧迫的工期，总有些时刻会令人产生倦怠。毕竟真实世界中并不存在只和机器进行沟通的工作，更多的还是人与人之间的交流。本书能够很好地帮助刚刚踏入这个行业的工程师去认识真实世界。似乎从来都是程序员为他人撰写 README，从来没有人为程序员撰写过 README。

由于工作的关系，我个人不仅参与过采用瀑布流模型的传统项目，也参与过极度灵活多变的研发项目，以及采用改良后的 Scrum 框架的敏捷项目。虽然各自采用的开发模型不尽相同，但是遇到的问题都很相似。在实际的工作中，成功地交付软件并不是只有唯一的路径可走。如何衡量与之匹配的需求、成本和风险才是考验团队的地方。本书中，两位作者提到了软件开发过程中的诸多困境，在我曾经的工作中也遇到过类似的情况。至今我还记得曾经有一次由于共享的数据层竞合而引发的生产环境故障，整个团队高负荷地工作了一周才最终解决。而在应对这起故障的过程中，团队明明在非常积极地处理，却引起了客户的极大不满。让客户不满的并不是故障本身，而是出了故障之后得不到应急方案导致了长时间的服务器宕机。如果那个时候能采用本书中提到的事故处理的标准流程（分流、协同、应急方案、解决方案和后续行动），那么很多弯路就可以避免了。

翻译完本书的最后一章时，正好是我踏入软件行业的 12 年整，此时的我却觉得自己的职业生涯好像才刚刚开始。

在翻译本书期间，首先要感谢我的朋友托老师，在我犹豫要不要接受翻译这本书带来的挑战时，是托老师"一脚把我踹进了翻译的大门"，并帮我辨析了许多汉语和英语在表意细节上的差异。接下来要感谢 Stacy 分享了许多关于专业的商业文案写作的经验，快速地纠正了我在书面语言表达中的不良习惯。然后要感谢就职于硅谷"大厂"的移动端工程师 Lide，他提供了一种兼容东西方软件工程文化的视角，每当我遇到技术领域的专有名词没有办法贴切地翻译时，他总是能提出非常精妙的思路。最后要感谢有多年海外生活经验的 Allen 和 ARK，译文中有多处涉及美式俚语，是他们耐心地向我解答这些俚语的日常使用场景。另外 Lide、Allen、ARK 都是我从小逮蜻蜓、丢口袋、"摇街机"时就认识的好朋友。没想到在这个年纪，我们会因为我翻译了一本书而隔空聚在一起。仔细想想这是我的幸运。

最后要着重感谢几位同样优秀的工程师 Jeff、Hobbes、Silver 和 Jerker，他们现在依然奋斗在各自的业务一线，他们的工作场景几乎涵盖了本书的各个章节，同时也意味着涵盖了软件工程的全部流程。他们用各自业务领域的鲜活案例和经验为我解答了诸多疑惑。尤其是 Jeff 让我看到了科学和人文融合的领域会散发出多么强烈的人格魅力。

前　言

此时的你刚接任新的工作，已经做好了万全的准备，正蓄势待发地迎接一切难题，希望通过优雅的代码施展才华。多么激动人心！祝贺你！我们希望你能轻松地应对有趣的挑战，与优秀、机敏且激情满满的同事一起工作，并构建出有用的东西。

但你很快就会发现，或者说你已经发现了，知道如何编写代码——也就是如何使用计算机去解决问题，仅仅是"战斗的一半"。它是你技能包中一个关键的部分，然而要成为一名高效的软件工程师，你还需要那些学校里没有教授过的技能。而本书将会教你这些技能。

我们将解释构建、测试和运行生产软件的现代实践，并阐释那些可以使团队更强大和使队友更默契的行为和方法。我们会给你一些实用的建议，诸如如何获得帮助、如何撰写设计文档、如何维护旧代码、如何 On-Call（待命）、如何规划你的工作以及如何与你的管理者和团队互动。

本书并不包含你需要知道的所有内容，因为这是一项不可能完成的任务，还会让你读起来很疲劳。相反，我们把重点放在那些计算机科学课程并没有涉及的主题上。这些主题通常都需要深入了解。如果你想了解更多信息，我们在许多章的结尾放置的"升级加油站"包含推荐的内容，以供阅读。

本书第 1～2 章介绍你初入一家公司开启职业生涯时应该知

道的内容。第 3～11 章拓展你的职业技能：编写生产级别的代码、高效地测试、代码评审、持续集成和部署、撰写设计文档和进行技术架构上的最佳实践。第 12～14 章涉及软技能，诸如敏捷计划、与你的管理者协作以及职业生涯规划。

　　这是一本有态度的书。本书中构建团队的经验取自那些快速成长的、由风险投资公司资助的或者准上市的硅谷公司。你所在的环境可能会有所不同，但是没关系。公司与公司之间总会有些差异，但基本原理总是相通的。

　　本书是我们希望你在职业生涯刚起步时就拥有的书，同时也是一本送给那些新加入团队的工程师们的书。读到最后，你就会知道成为一名专业的软件工程师都需要什么。让我们开始吧！

致　　谢

由衷地感谢我们的编辑 Athabasca Witschi。没有她，本书就不会是现在的样子。感谢 Kim Wimpsett 在文字编辑上提供的帮助，感谢 Jamie Lauer 的校对，感谢 Bill Pollock、Barbara Yien、Katrina Taylor 以及来自 No Starch 的其他成员在本书的写作过程中对两名新手提供的指导。

感谢我们的评审人员：Joy Gao、Alejandro Crosa、Jason Carter、Zhengliang (Zane) Zhu 以及 Rachel Gita Schiff。你们的反馈非常珍贵。感谢 Todd Palino 对运维相关章节的反馈，感谢 Matthew Clower 对第 6 章进行了详尽的校对并提出了坦诚的意见，感谢 Martin Kleppmann 和 Pete Skomoroch 将我们引荐给出版社并提供指导，感谢 Tom Hanley、Johnny Kinder 和 Keith Wood 对管理相关章节提出的反馈。

如果没有我们的雇主和管理者的支持，我们不可能完成本书。感谢 Chris Conrad、Bill Clerico、Aaron Kimball 和 Duane Valz 让我们得以在这个项目上一展身手。

资源与支持

本书由异步社区出品，社区（https://www.epubit.com）为您提供后续服务。

配套资源

本书提供如下资源：

- 本书思维导图。

要获得以上配套资源，您可以扫描下方二维码，根据指引领取。

您也可以在异步社区本书页面中点击 配套资源 ，跳转到下载界面，按提示进行操作即可。注意：为保证购书读者的权益，该操作会给出相关提示，要求输入提取码进行验证。

如果您是教师，希望获得教学配套资源，请在社区本书页面中直接联系本书的责任编辑。

提交错误信息

作者、译者和编辑已尽最大努力来确保书中内容的准确性，但难免会存在疏漏。欢迎您将发现的问题反馈给我们，帮助我们提升图书的质量。

当您发现错误时，请登录异步社区，按书名搜索，进入本书页面，单击"发表勘误"，输入错误信息，单击"提交勘误"按钮即可（见右图）。本书的作者、译者和编辑会对您提交的错误信息进行审核，确认并接受后，您将获赠异步社区的 100 积分。积分可用于在异步社区兑换优惠券、样书或奖品。

与我们联系

我们的联系邮箱是 contact@epubit.com.cn。

如果您对本书有任何疑问或建议，请您发邮件给我们，并请在邮件标题中注明书名，以便我们更高效地做出反馈。

如果您有兴趣出版图书、录制教学视频，或者参与图书翻译、技术审校等工作，可以发邮件给我们；有意出版图书的作者也可以到异步社区在线提交投稿（直接访问 www.epubit.com/selfpublish/submission 即可）。

如果您所在的学校、培训机构或企业，想批量购买本书或异步社区出版的其他图书，也可以发邮件给我们。

如果您在网上发现有针对异步社区出品图书的各种形式的盗版行为，包括对图书全部或部分内容的非授权传播，请您将怀疑有侵权行为的链接发邮件给我们。您的这一举动是对作者权益的保护，也是我们持续为您提供有价值的内容的动力之源。

关于异步社区和异步图书

"异步社区"是人民邮电出版社旗下 IT 专业图书社区，致力于出版精品 IT 图书和相关学习产品，为作译者提供优质出版服务。异步社区创办于 2015 年 8 月，提供大量精品 IT 图书和电子书，以及高品质技术文章和视频课程。更多详情请访问异步社区官网 https://www.epubit.com。

"异步图书"是由异步社区编辑团队策划出版的精品 IT 专业图书的品牌，依托于人民邮电出版社近 40 年的计算机图书出版积累和专业编辑团队，相关图书在封面上印有异步图书的 Logo。异步图书的出版领域包括软件开发、大数据、人工智能、测试、前端、网络技术等。

异步社区

微信服务号

目 录

第 **1** 章

前面的旅程

你作为一名软件工程师的旅程将跨越你的整个职业生涯，沿途将有许多站点——学生、工程师、技术负责人，甚至可能是管理者。大多数新入行的工程师在开始时都有技术基础，但没有什么实质上的经验。本书前面的章节将会引导你走向职业生涯的第一个里程碑。当你能够安全地交付代码并与你的团队无缝协作时，你就会到达这个里程碑。

到达第一个里程碑是很困难的。因为你需要的信息会散落在互联网上，或者更糟糕的是，隐藏在某人的脑袋里。本书整合了成功所需的关键信息。但是一名成功的软件工程师究竟是什么样子的呢？以及如何成为一名成功的软件工程师呢？

1.1 你的目的地

每个人都是从入门级工程师开始做起的。如果想晋级，你就需要具备下面几个核心领域中所需要的能力。

- **技术知识**：你知道计算机科学的基础知识。你知道如何使用集成开发环境（IDE）、构建系统、调试代码和测试框架。

你熟悉持续集成、系统指标和监控、配置和打包系统。你积极主动地创建和改进测试代码。在做架构决策时，你会考虑到长期运维。

- **执行力**：你通过用代码解决问题来创造价值，并且你了解你的工作和业务之间的联系。你已经可以构建并部署中小型的特性。你会编写、测试和评审代码。你分担 On-Call 的职责，调试运维问题。你是积极主动并且可靠的。你参加技术讲座、阅读小组、面谈和路演。

- **沟通能力**：你能同时以书面和口头的形式进行清晰的沟通。你能够有效地给予和接受反馈。在模棱两可的情况下，你会主动寻求帮助并得到明确的结果。你能以建设性的方式提出问题和定义课题。你在可能的情况下可以提供帮助，并开始影响同事。你会文档化你的工作。你撰写清晰的设计文档并征求反馈意见。在与他人打交道时，你富有耐心和同理心。

- **领导力**：你能在指定的工作范围内独立地完成工作。你能迅速地从错误中学习。你能很好地处理变动和模糊的问题。你积极参与到项目和季度的规划中。你能帮助新的成员融入团队。你可以向你的管理者提供有意义的反馈。

1.2　你的旅程地图

要想到达你的终点，你需要一张地图。本章的其余部分将帮助你导览全书和你的职业生涯初期。我们将从"新手营"开始，因为那里是所有新手出发的地方。之后沿着"试炼之河"漂流，来到编写代码并学习规范和流程的地方。接下来去"贡献者之角"，在这里发布一些有意义的特性。发布特性意味着你将不得不在"运维之海"的风暴中扬帆航行。最后，我们会在"胜任之湾"这个安全港着陆。

我们对很多段落都提供了注释。你可以从头至尾地通读本书，也可以直接跳到你最关心的章节。我们有意让许多注释在下文中多次出现。各章是按照主题来进行分类的，但我们所涉及的主题将会贯穿你的整个职业生涯，常读常新。

1.2.1　新手营

你以一名新手的身份开启了你的旅程。你需要熟悉公司、团队，以及如何完成本职工作；参加入职会议；设置你的开发环境和系统权限，并弄清楚团队的常规流程和会议；阅读文档并与队友进行讨论。如果你在入职过程中发现了漏洞，你可以在文档中做出一些补充。

为了帮助你顺利地开展工作，你的公司可能会有一个新人入职培训。这些培训课程会让你了解公司是如何运转的，带领你参观整个组织，并介绍一些公司领导。新人入职培训还会向你介绍其他部门的员工，那些是你未来的同事。如果你的公司没有安排新人入职培训，那需要你自己去向你的管理者要一份公司的"组织架构图"，了解清楚谁负责什么，谁向谁汇报，都有哪些不同的部门，以及它们之间的关系。记得做好笔记。

坎宁安定律①和自行车棚效应②

我们建议你在团队中用文档记录下会议的内容、入职流程和其他口口相传的东西。你会得到很多的评论和纠正。

---

① 沃德·坎宁安（Ward Cunningham）是网络百科概念的发明者。——译者注。如无特殊说明，本书注释均为译者注。

② 西里尔·诺思科特·帕金森（Cyril Northcote Parkinson）在1957年提出了一个名为"帕金森琐碎定理"（Parkinson's law of triviality）的理论，也叫琐事理论。它指出人们考虑一件事情的时间和事情的重要性成反比。帕金森说："我们总对小事纠缠不休是因为我们懂这些小事，而我们回避复杂的问题是因为我们对这些问题摸不着头脑，同时又害怕出丑而不敢发问。"

不要把这些评论和纠正当作针对你个人的批评。重点并不是要写一份完美的文档，而是要写得足够多，以引发讨论，充实细节。这是坎宁安定律的一个应用，该定律认为："在互联网上获得正确答案的最好方法并不是提出问题，而是发布错误的答案。"

过度集中在细枝末节上的讨论总是会很冗长，这种现象被称为"自行车棚"（bike-shedding）效应。自行车棚效应是西里尔·诺思科特·帕金森的一则寓言故事，该寓言描述了一个被指派到发电厂对该发电厂的设计方案进行评审的委员会的故事。对该委员会来说，因为发电厂的设计方案过于复杂，以至于无法讨论出什么实际的内容，所以他们花了几分钟就批准了这些计划。然后，他们又花了 45 分钟来讨论发电厂旁边的自行车棚的材料问题。"自行车棚效应"在技术类的工作中经常出现。

有些公司会有额外的新手教程来帮助你获得系统权限、构建开发环境、检出和编译代码。如果没有这样的教程，正好借此机会去创建一份。写下所有你在构建环境时所做的事情。（参见第 2 章"步入自觉阶段"。）

你应该被分配到一个小任务去学习如何修改代码并将其安全地发布到生产环境。如果没有的话，就主动寻找或要求去做一些有用的小幅改动。这些改动一定要小，甚至可以小到只更新一行注释。这样做的目的是让你去了解那些步骤，而不是去打动谁。（参见第 2 章"步入自觉阶段"和第 8 章"软件交付"。）

设置你的代码编辑器或 IDE。IDE 要和你团队的保持一致。如果你还不了解团队所使用的 IDE，就去网上找一个教程。学习 IDE 将为你以后节省出大量的时间。配置你的 IDE 去适配团队的代码规范，搞清楚代码规范里都有什么以及怎样才能符合这些规范。

（参见第 3 章"玩转代码"。）

确保你的管理者邀请你参加团队和公司的会议，诸如站会、迭代计划会、项目总结会、全员会议等。如果你的管理者有一对一面谈的习惯的话，提醒他们给你安排一个。（参见第 12 章"敏捷计划"和第 13 章"与管理者合作"。）

1.2.2　试炼之河

一旦你完成了新手任务，你将开始为团队分担真正的工作。你可能会在一个现有的代码库上工作。你发现的东西可能会使你感到困惑或害怕。多提问，并经常让团队评审你的工作成果。（参见第 3 章"玩转代码"和第 7 章"代码评审"。）

在你的成长过程中，持续学习是至关重要的。了解如何编译、测试和部署代码。阅读那些提交代码的请求和代码评审意见。不要害怕询问更多的信息。多报名参加技术讲座、午餐会、阅读小组、导师计划，诸如此类。（参见第 2 章"步入自觉阶段"；第 5 章"依赖管理"；第 6 章"测试"和第 8 章"软件交付"。）

现在是时候与你的管理者建立一些联系了。了解他们的工作风格，理解他们的期望，并与他们谈谈你的目标。如果你的管理者有一对一面谈的习惯，那么你要期待有几场这样的谈话。管理者通常都希望跟踪事情的进展，所以问问他们后续如何沟通。（参见第 13 章"与管理者合作"。）

你第一次被邀请参加的计划会议，通常是迭代计划会议。你也可能参加项目总结会或全员会议。要了解一下路线图和开发计划的全貌。（参见第 12 章"敏捷计划"。）

1.2.3　贡献者之角

一旦你着手开发大一些的任务和特性就意味着你进入了"贡献者之角"。团队会信任你能更独立地完成工作。学习如何编写生产级别的代码，使这些代码对运维者友好。恰当地管理组件间的依赖关系，并进行完备的测试。（参见第 3 章"玩转代码"；第 4 章"编写可维护的代码"；第 5 章"依赖管理"和第 6 章"测试"。）

现在你也应该去帮助队友。参与到代码评审中去，做好队友会询问你的想法和反馈的准备。因为你的团队可能会忘记你是最近才加入的，所以你一旦感到困惑，就请提出问题。（参见第 2 章"步入自觉阶段"；第 7 章"代码评审"和第 10 章"技术设计流程"。）

大多数公司都会有季度规划和目标设定的周期。参与到团队的计划中去，并与你的管理者一同制定目标或 OKR（目标和关键成果）。（参见第 12 章"敏捷计划"和第 13 章"与管理者合作"。）

1.2.4　运维之海

当你参与到更大的任务中时，你将会学到如何向客户交付代码。在交付过程中会发生很多事情：测试、构建、发布、部署和展开。完善这个过程需要一些技巧。（参见第 8 章"软件交付"。）

在你的修改生效之后，你将不得不去运维这个软件。运维工作中你会面临很大的压力并且需要勇气。客户会因为软件的不稳定而受到影响。你需要使用监控指标、日志和跟踪工具来实时调试软件。这时你也可能需要参与轮流的 On-Call。接触运维工作会让你清楚地了解那些代码如何在客户的手中发挥作用。同时你也要学会保护你的软件。（参见第 4 章"编写可维护的代码"和第 9 章"On-Call"。）

1.2.5　胜任之湾

你的团队现在将依靠你来负责一个小项目。你需要撰写一份技术设计文档并帮助团队进行项目规划。设计软件将迫使你面临全新级别的复杂度。不要满足于你的第一版设计。反复斟酌，要随时做好准备，因为你的系统会随着时间的推移而不断变化。（参见第 10 章"技术设计流程"；第 11 章"构建可演进的架构"以及第 12 章"敏捷计划"。）

你工作中的早期光芒已经消散。你在系统架构、编译环节、部署环节以及测试环境中都看到了不足之处。你要开始学习在必要的维护和重构中间寻找平衡。不要试图重构一切。（参见第 3 章"玩转代码"。）

你可能也对团队的工作流有见解。写下你的观察，哪些是有效的，哪些是无效的，然后与你的管理者一对一地谈谈你的想法。（参见第 13 章"与管理者合作"。）

现在是设定长期目标和评估绩效的时候了。同管理者一起理解这个过程，并从同事那里获得反馈。同管理者谈谈职业上的志向、未来的工作、项目和想法。（参见第 13 章"与管理者合作"和第 14 章"职业生涯规划"。）

1.3　前进！

你现在已经有了初学者旅程的地图和目的地。在"胜任之湾"着陆后，你将成为一名成熟的软件工程师，此时的你能够与你的团队合作，贡献价值。本书中的其他部分将引导你的职业生涯。接下来，我们的旅程即将开始。

第 2 章

步入自觉阶段

马丁·M. 布罗德威尔在其文章《为学而教》（"Teaching for Learning"）中定义了能力的 4 个阶段："无意识的无能力"（unconscious incompetence）、"有意识的无能力"（conscious incompetence），"有意识的有能力"（conscious competence）和"无意识的有能力"（unconscious competence）。具体说来，无意识的无能力意味着你无法胜任某项任务，并且没有意识到这种差距。有意识的无能力意味着你虽然无法胜任某项任务，但其实已经意识到了其中的差距。有意识的有能力意味着你有能力通过努力完成某项任务。最后，无意识的有能力意味着你可以很轻松地胜任某项任务。

所有的工程师都是从前两个阶段开始的。即使你对软件工程了如指掌（这不太可能），你也必须学习公司的那些具体操作流程和规范。你还必须学习实用的技能，正如本书中所涉及的那些。你的目标是尽快到达第三个阶段。

本章的大部分内容将阐释如何自主学习和如何获得帮助。校外学习是一种技能。我们会为如何养成独立自主的学习习惯提供一系列建议。我们还将准备一些提示，方便你在"万事都求人"和"独行侠"之间取得平衡。本章的最后将讨论冒充者综合征和邓宁-克鲁格效应，这可能会导致新工程师感到自信不足或自信爆棚，而这两种情况都会限制他们的成长。我们将解释如何自省并遏制这两种极端情况。在避免落入自我怀疑和过度自信的陷阱的同时，练习独立学习并提出有效的问题将会使你迅速地到达第三个阶段。

2.1　学习如何学习

学习将帮助你成为一名合格的工程师，并在未来的日子里持续进步。软件工程领域在不断地发展。无论你是一名刚毕业的学生还是一名经验丰富的老手，如果你不学习，你就会落后。

本节将列举各种各样的学习方法。切勿试图同时去做本章中列出的所有事情！因为那样会让你感到倦怠。切记善用个人的时间——虽然说持续进步非常重要，但是把所有清醒的时间都花在工作上是不健康的。应该根据你的现实情况和自然倾向，从下面的方法中选择。

2.1.1　前置学习

在工作的前几个月里，你要学习一切如何运作。这将有助于你参与设计讨论、On-Call 轮换、解决运维问题和评审代码。前期的学习会让你感到不舒服，因为你总会希望尽快将软件上线，而花时间阅读文档和摆弄工具却会让你慢下来。别担心，大家都预料到你会需要些时间来成长。前置学习是一项有价值的投资，许多公司会专门为新员工设计学习课程。Facebook 公司就有一个著名的为期 6 周的被称作"boot camp"的新手工程师训练营。

2.1.2　在实践中学习

前置学习并不意味着要整天坐在那里阅读文档。在实践中学到的东西要比只坐在那里单纯地阅读学到的多出许多。你应该上手编写并且发布代码。第一次发布代码很可怕。要是你弄坏了什么东西怎么办？但是管理者们通常不会把你放在一个可以造成严重破坏的环境中（尽管有时新员工需要在别无选择的情况下从事高风险的任务）。尽你所能去理解你的工作会造成的影响，并以适当的谨慎程度行事。与变更高流量数据库上的索引相比，编写单元测试可以不那么谨慎，从而更快。

克里斯删除所有代码的那一天

在克里斯的第一次实习中，他与一名高级工程师搭档做项目。克里斯完成了一些修改，并需要部署它们。这名高级工程师向他演示了一下如何将代码并入他们所使用的版本控制系统（VCS）。克里斯按照说明盲目地执行了涉及分支（branch）、标记（tag）和合并（merge）的相关步骤。紧接着他继续完成了当天的其他工作，然后就回家了。第二天早上，克里斯兴高采烈地逛了一圈，和大家打招呼。大家尽了最大的努力做出善意的回应，可情绪却很低落。当克里斯问起发生了什么事时，他们告诉克里斯，他破坏了整个 VCS 代码库。公司的所有代码都丢了。大家整晚都没睡，拼命地恢复那些能恢复的东西，最终找回了大部分的代码（除了克里斯提交的和其他几个）。克里斯被整件事吓坏了。他的管理者把他拉到一边，告诉他不要担心：克里斯和高级工程师做了正确的事情。错误难免会发生。每名工程师都有类似的故事。尽你所能，努力理解你在做什么，但要知道这种事情总会发生。

错误是不可避免的。成为一名软件工程师的路途艰辛，我们有时会失败。这几乎是所有人都知道的事情。降低系统风险并使这些错误不那么致命是你的管理者和团队的工作。如果你失败了，也不要被击垮：写下经验教训，然后继续前行。

2.1.3　运行实例代码

运行实例代码可以真正地了解代码的工作原理。文档可能会过期，同事们也会忘记某些事情，但是实例代码是安全的，因为你可以在生产环境之外运行它们，而且非生产环境的实例会允许使用一些具有侵入性的技术。例如，你知道某个方法被调用了，但无法确定它是如何触达的。你可以通过抛出一个异常，输出一串堆栈跟踪信息，或者附加一个调试器来查看调用层级。

调试器是你运行实例代码时最好的朋友。你可以用它来暂停正在运行的代码，然后查看运行中的线程、堆栈信息和变量的实际值。添加一个调试器，触发某个事件，并单步执行代码，就可以查看该事件是如何被处理的。

虽然调试器很强大，但有时了解一个软件行为的最简单的方法是在关键位置输出几行日志或在控制台输出。你可能对这种方法很熟悉，只是要注意，在复杂的情况下，特别是在多线程的应用程序中，输出调试信息可能会产生误导。因为操作系统会使用缓冲的方式将内容写到标准输出接口，这样会让你在控制台中看到的信息有延迟。而且多个线程都在向这个接口写入信息，这样输出的信息就会交织在一起。

一个看起来有些笨拙但非常实用的方法是在程序执行的入口处输出一行特殊的语句。这样你就可以很容易地知道现在运行的程序究竟是你修改过的，还是原来的旧版本。你会节省出那些跟踪程序"谜之行为"的时间。"谜之行为"通常都是由正在被调用的程序是旧版且你修改的内容没有生效造成的。

2.1.4　阅读

请每周都花一部分时间去阅读。可供阅读的内容有很多：团队文档、设计文档、代码、积压的任务票、书籍、论文和技术网站。不要试图一下子把所有东西都读完。请从团队文档和设计文档入手。这些文档会就事情是如何组合在一起的给你一个整体的概念。要特别注意那些关于如何权衡取舍和背景的讨论。接下来你就可以深入研究那几个与你最初任务相关的子系统了。

正如罗恩·杰弗里斯所说"代码从不说谎。注释有时却会"（Code never lies. Comments sometimes do，更多细节可以参见作者的个人博客），去读源代码，因为它并不总是与设计文档相吻合！不要只读你自己的代码库，还要去阅读高质量的开源项目，特别是那些你使用的类库。不要像阅读小说一样从前到后地通读代码：请利用你的 IDE 来浏览代码。为关键的操作绘制控制流和状态图。仔细研究代码的数据结构和算法。注意那些临界值的处理。留意那些惯用写法和风格，也就是去学习"本地方言"（local dialect）。

在"任务票"（ticket）或"问题点"（issue）中跟踪未完成的工作。阅读团队的任务票，看看每个人都在做的事情以及即将发生的事情。那些积压的工作也是寻找新手任务的好地方。旧的任务票大概分为三大类：不再相关的，有用但次要的，以及过于重大且无法立刻解决的。弄清楚你正在看的任务票属于这几类中的哪一类。

出版物和在线资源是互补关系。阅读书籍和论文是深入研究某个主题的很棒的途径。出版物大多很可靠，只是有些过时。在线资源则正好相反，不那么可靠，但很能跟上潮流。在实施黑客新闻（hacker news）中的最新想法之前要记得"踩下刹车"，因为采用保守一些的技术选型是有益处的。（在第 3 章中有更多关于这个问题的介绍。）

加入一个阅读小组来跟进学术界和工业界的最新进展。一些公司可能有内部的阅读小组，去问问看。如果你的公司没有，可以考虑成立一个。你也可以加入当地的"Papers We Love"组织，这些组织会定期地阅读和讨论计算机科学方面的论文。

学习阅读代码

在职业生涯的早期，德米特里被分配了一个传统的 Java 应用程序，并被要求"搞定它"。他是团队中唯一对 Java 比较熟悉的人，而他的管理者想改进一些特性。源代码中充满了……奇特之处。所有的变量都使用了类似于 a、b、c 这样的命名。更糟糕的是，一个方法中的 a 会在另一个方法中变成 d。这份源代码既没有更新履历，也没有测试代码。最初的开发者早已离开。不用说，这肯定是一个雷区。

每当德米特里需要改变代码库中的某些东西时，他都会屏蔽所有的杂念，仔细阅读代码，重新命名变量，跟踪代码逻辑，在纸上画一些东西，并进行实验。这是个缓慢的过程。德米特里越来越欣赏这个代码库了。该代码库正在做复杂的事情。他开始对写这个东西的人有些敬畏，因为这个人可以在没有合理的变量命名的情况下，把所有的东西都记在脑子里。最后，在午餐时，德米特里流露出了敬佩之情。他的同事看着他，仿佛他长出了第二个脑袋。"德米特里，我们没有原始的代码。你正研究的东西是反编译器的输出结果。正常人是不会这样写代码的！"我们不建议用这种方式来学习阅读代码。但是，孩子们，这种经历让德米特里学会了慢慢来，为了理解而阅读，而且永远都不会相信变量名称。

2.1.5 观看讲座

你可以从一个优秀的讲座中学到许多东西。从过去录制的视频演示开始，包括公司内部演示和外部的 YouTube 视频。观看教程、技术讲座和阅读会议简报（conference presentations）。四处打听打听，找到好的内容。你通常可以用 1.5 倍速甚至 2 倍速观看视频，以节省时间，但不要被动地观看。你需要做笔记来帮助记忆，并学习任何不熟悉的概念或术语。

如果你的公司提供午餐会（brown bag）和技术讲座，就去参加。这些非正式的演讲一般是在现场举办的，所以很容易就可以参加。它们也是你公司内部的活动，所以你会获得真正有价值的信息。

2.1.6　适度地参加会议和聚会

会议和聚会非常有利于建立联系和发现新的想法。它们值得偶尔参加，但不要过度。那些有价值的内容与所有内容的比例——也就是信噪比，通常都很低，而且许多会议之后都可以在网上获得。

会议大致有 3 种类型：学术会议、草根兴趣小组聚会和供应商展示会。学术会议有很棒的内容，但阅读论文和参加小型的、更有针对性的聚会通常会更好。对于想获得实用技巧和想会见有经验的从业者的人来说，那些基于兴趣的聚会非常好，可以找几个这样的聚会去参加一下。供应商展示会一般是较大和较吸引眼球的。它们是大型科技公司的营销工具，但不适合学习。与你的同事一起参加这种展示会很有趣，但每年超过一次就可能是在浪费时间了。问问周围的人，找到那些比较好的。请记住，有些雇主会支付门票、旅行和住宿的费用。

旁听学术聚会

几年前，德米特里和他的同事彼得·阿尔瓦罗正在努力地使他们的数据仓库发挥作用，他们认为将聚合任务分发给廉价服务器集群是一个好办法。在他们的研究中，彼得发现谷歌最近发布了关于 MapReduce 的论文。强大的谷歌公司正在做彼得和德米特里想做的事情！他们发现了更多有趣的论文，并想找人深入探讨一下。德米特里发现加州大学伯克利分校的数据库小组在举办技术方面的午餐会并对公众开放。彼得和德米特里成了那里的常客（他们小心翼翼地不吃免费的比萨饼，直到所有的学生都吃饱了）。他们甚至可以偶尔地参与到对话中。

他们的学习进入了高速发展阶段。最终，彼得永远留在了这里，他开始学习这里的博士课程，现在是加州大学圣克鲁兹分校的教授。德米特里也跳到了加州大学的研究生院。在他们离开两年后，昂贵的数据仓库被 Hadoop 所取代，这是一个开源的分布式聚合系统。

如果你开始觉得你不再有学习进展了，可以去当地大学看看。他们有大量向公众开放的项目。扩大你的圈子，接触新的想法。去上研究生是一个可选项。

2.1.7　跟班学习并同有经验的工程师结对

跟班学习是指在另一个人执行任务时跟着他。跟随者是一个积极的参与者：他做笔记并提出问题。跟随一名高级工程师是学习新技能的好方法。为了获得更大的收益，你应该在整个跟班学习过程的前后安排时间进行计划和回顾。

当你准备好了，就把角色调换过来。让一名高级工程师跟随你。和你一样，他应该提供反馈。如果出了问题，他也会充当一个安全网。这是一种温和的方式，它可以帮助你轻松面对可怕的情况，例如面试。

结对编程（pair programming）也是一种很好的学习方式。两名工程师一起写代码，轮流打字。这需要一些时间来适应，但这是相互学习最快的方式之一。这种技术的倡导者还声称，它可以提高代码质量。如果你的队友愿意，我们强烈建议你尝试一下。

结对编程也不仅仅是针对初级工程师的，所有级别的队友都可以从中受益。

一些公司也鼓励向非工程角色进行跟班学习。跟随客户支持部门和销售演示部门学习是一种可以开阔眼界的方式，这样做可以了解你的客户。写下并分享你的观察，与你的管理者和高级工程师一同优先考虑由经验激发出来的想法。

2.1.8 用副业项目实践

从事副业项目会让你接触新的技术和想法。当你只有自己工作时，你可以跳过那些被称为"软件工程"的环节（测试、运维、代码评审等）。忽略这些方面可以让你快速地学习新技术，只是不要忘记在工作中还有那些"真实的"环节。

你也可以参与开源项目。大多数开源项目欢迎所有人贡献力量。这是一种学习和建立职业联系的好方法。你甚至可以通过开源社区找到未来的工作。请记住，这些项目通常是由志愿者运营的。不要指望你能获得和工作中同样的周转速度。有时人们会很忙，他们会消失一段时间。

不要根据你认为你需要学习的领域来选择项目。找到你有兴趣去解决的问题，并使用你想学习的工具来解决这些问题。一个可以从内激励你的目标会让你更长时间地参与，你也会学到更多。

公司一般会对外部的工作有规定，询问你公司的政策。不要使用公司资源（你的公司提供的笔记本计算机）来从事副业项目，不要在工作中从事副业项目，避免那些与你公司有竞争的副业项目。确认你是否可以在工作中或在家里为开源项目做贡献，有些公司会希望你只用指定的工作账户提交代码，有些公司则会希望你只使用个人账户。了解你是否保留对你的副业项目的所有权。问问你的管理者，你是否需要得到批准。从长远来看，获得明确的信息将保护你免受挫折。

2.2 提出问题

　　所有的工程师都应该提出问题，这是学习的一个重要部分。新手工程师会担心打扰队友而试图自己解决所有问题，这样做既慢又没有效果。有效地提出问题将帮助你快速地学习，而不会烦扰其他人。使用这 3 个步骤：做研究，提出明确的问题，并恰当地安排解决你的问题所需的时间。

2.2.1 动手调查一下

　　尝试自己寻找答案。即使你的同事知道答案，你也要付出努力，这样你会学到更多。如果你没有找到答案，当你寻求帮助时，你的调查仍然会成为你的起点。

　　不要只是在互联网上搜索。信息还存在于文档、内部论坛、自述文件（README）、源代码和错误跟踪器中。如果你的问题是关于代码的，试着把它变成一个可以演示的单元测试。你的问题有可能曾经被别人问过：查看邮件列表或聊天记录。你收集的信息将会引领你到那些可测试的方案中去。如果你找不到任何线索，试着自己通过实验来解决它。记录下你在哪里寻找过，你做了什么，为什么这么做，发生了什么，以及你学到了什么。

2.2.2 设置一个时间限制

　　限制你研究一个问题时预期花费的时间。在你开始研究之前就应该设定好时间限制，这样可以鼓励你遵守这个限制，防止收益递减（研究最终会拖累生产性）。考虑你最终何时需要知道答案，然后留出足够的时间来提出问题，得到回答，并根据你学到的东西采取行动。

　　一旦你到达了设定的时间限制，就需要请人帮忙。只有在你取得良好进展的情况下才可以超过之前的时间限制。如果你已经

超过了第一个时间限制，那么需要再设定一个。如果你在第二个
时限之后仍然找不到确定的答案，就应该及时止损并寻求帮助。
及时止损需要自律和练习，因为你要对自己负责。

2.2.3　写下全过程

在提出问题时描述你已经知道的情况。不要只是分享你的原
始笔记。简要地描述你所做的尝试和发现，这表明你已经花了很
多时间去试图自己解决这个问题。这样做也会给别人一个回答你
的起点。

下面的例子是一种糟糕的提问方式。

> 嗨，艾丽斯。
> 你知道为什么 testKeyValues 在 TestKVStore 中
> 会失败吗？要重新运行这个真的拖慢了我们的构建速度。
> 谢谢！
>
> 潘卡

这让艾丽斯几乎没什么可说的。这听起来隐约像是潘卡在责
怪艾丽斯，这可能不是他的本意。这种表述有一点儿懒惰。将上
面的表述与下面的表述进行比较。

> 嗨，艾丽斯。
> 我在调查为什么 testKeyValues 在 TestKVStore
> 中会失败时遇到了一些麻烦（在 DistKV 的代码库中）。
> 肖恩建议我来问问你。希望你能帮助我。
> 在我看来，这个测试差不多每执行 3 次就会失败 1
> 次。这似乎是随机的。我试着单独运行它，但还是失败
> 了，所以我认为这不是测试用例与测试用例之间的问题。
> 肖恩在他的计算机上循环运行了这个测试，但仍无法重
> 现它。我在源代码中没有看到任何明显的东西能解释这

个测试失败的原因。这似乎是某种竞争条件。有什么想法吗？

有人告诉我这不太可能影响到生产环境，所以并不十分紧急。但是，每次发生这种情况，拍打测试都会花费我们 20 到 30 分钟，所以我很想知道如何解决这个问题。我附上了显示测试失败的日志和我当前所有的环境设置，以备不时之需。

谢谢！

潘卡

在第二个例子中，潘卡给出了一些背景，描述了问题，告诉艾丽斯他已经尝试了什么，然后才请求帮助。他还指出了影响和紧急程度。第二个例子非常简洁，但又附有详细的信息，所以艾丽斯不需要主动去捕获这个问题。艾丽斯会帮助潘卡解决问题。她同时会记住，潘卡是可靠的。像这样的请求将建立潘卡在同事眼中的可信度。

写第二种邮件需要更多的努力，但这是值得的。请把它应用到工作中。

2.2.4　别打扰别人

就像你一样，其他人也在努力完成工作，他们需要专注。当他们进入状态时，不要打扰他们——即使问题很简单，即使你心里清楚他们知道答案，即使你的工作被卡住了。除非有重大问题发生，真的，请不要打扰他们。

公司有不同的惯例来标识"请勿打扰"。耳机、耳塞或耳罩是通用的标识。关于"休息区"（lounge space）的解读有一些混乱，有些人认为在办公桌以外的地方工作是"神圣不可侵犯"的，他们不想被人发现；有些人则将在共享空间内的工程师理解为"可以打扰"。请确保你了解你公司的惯例！

走上前去与人交谈会迫使他们做出反应。即使他们只是回答说很忙，你也已经打断了他们，使他们失去了注意力。如果你需要的人很忙，同时你又不想自己的工作进程被卡住，这时候你就需要找到一种异步的沟通方式。

2.2.5　多用"非打扰式"交流

在网络通信中，组播（multicast）是指将消息发送到一个组而不是个人目标；异步（asynchronous）是指可以稍后处理的消息，而不需要立即响应。这些概念也适用于人们之间的通信。

发出你的问题，方便大家可以在自己的位置上（异步）做出回应（组播）。以一种大家都能看到的方式来发出问题，这样当你得到帮助的时候就很显眼。解决办法也会变成可被发现的，所以其他人以后也能找到当时讨论的内容。

这通常意味着需要使用群发邮件列表或群聊（例如，德米特里的公司有一个叫作#sw-helping-sw 的频道）。即使你需要一个特定的人来回答问题，也要使用共享论坛。你可以在帖子中提到他们的名字。

2.2.6　批量处理你的同步请求

聊天和电子邮件对简单的问题很实用，但复杂的讨论很难异步进行。面对面的交流是"高带宽"和"低延迟"的。你可以快速地解决很多问题。不过，这依然有代价。打断你的同事会影响他们的工作效率。要想避免出现这种情况，可以同你的技术领导或管理者约定专门的时间来解决非紧急的问题。

安排一次会议，或者使用"办公室答疑时间"（如果他们预留了的话）。写下你的问题并保留到会议上。在此期间，你可以继续做你的调查。随着其他问题的出现，你的清单也会越来越长，这很好。在你设置的会议议程中应包括这个清单，不要只靠脑袋来记问题，也不要事前不做功课就来参加。

如果你已经没有问题了，就请取消会议。如果你发现自己反复地取消会议，就自省一下这种会议是否还有用。如果已经没用了，就不要再安排。

2.3 克服成长的障碍

知道如何学习以及如何提出问题还不够。你还必须避开那些会减缓你成长的障碍。一般有两个常见的障碍会影响许多工程师，即"冒充者综合征"和邓宁-克鲁格效应。如果你了解这些现象是什么，以及如何克服它们，你会成长得更快。

2.3.1 冒充者综合征

大多数新手工程师在开始工作时处于"有意识的无能力"阶段。有很多东西需要学习，而其他人似乎早已遥遥领先。你可能会担心你不属于这个行业，或者找到工作只是运气好。对自己苛责很容易，我们也有过这样的经历。无论我们多么频繁地告诉工程师他们做得很好，有些人就是不相信。即使他们升职了，还是不信！这让他们感到很不舒服。他们说他们只是很幸运，他们不值得别人认可，或者是升职标准太宽松了。这就是冒充者综合征。保利娜·罗斯·克朗斯博士和苏珊娜·阿门特·艾姆斯博士在 1978 年的一篇名为《高成就女性中的冒充者现象：动态与治疗干预》（"The Impostor Phenomenon in High Achieving Women: Dynamics and Therapeutic Intervention"）的研究文章中首次描述了这种现象。

> 尽管有着杰出的学术和职业成就，经历着冒充者现象的女性仍然坚持认为她们真的不聪明，而且还愚弄了任何不这么想的人。众多的成就似乎并不影响冒充者的信念，而这些成就本身就是能充分证明智力水平卓越的客观证据。

如果这能引起你的共鸣，你就知道自我怀疑很常见。只要努力，这些感觉就会过去。你可以用几种策略来推动事情的发展：觉知（awareness）、重塑（reframing）以及与同事交谈。

冒充者综合征会自我强化。每一个错误都会被看作能力匮乏的证明，而每一项成功都是优秀"冒充者"冒充的证据。一旦某个人进入了这个循环，就很难摆脱它。觉知会在下面的场景里帮助你。如果你注意到了上文的循环，你可以有意识地打破它。当你取得一些成就的时候，那是因为你真真切切地做到了，你并不只是运气好。

不要忽视赞美和成就。即使是小事情，也要把它们写下来。你的同行都是有能力的人，如果他们说一些积极的话，那是因为他们确实有充分的理由这样做。练习重塑消极的想法："我不得不求助达里亚来帮助解决软件上的竞争条件难题"变成"我联系了达里亚，现在我知道了如何解决竞争条件难题！"。规划你要完成的任务，并注意你实现了目标的时候。这将帮你建立信心。

获得反馈也有助于缓解冒充者综合征。请你尊敬的人来告诉你，你做得怎么样。这个人可以是你的管理者、导师，或者只是你仰慕的工程师。重要的是你要信任他们，并觉得与他们谈论自我怀疑是安全的。

治疗可能也会有帮助。可以利用治疗来获得你的优势，并克服短期的挑战。冒充者综合征，以及可能随之并发的焦虑和抑郁，是一个复杂的话题。如果你仍在苦苦挣扎，考虑接触几名治疗师，找到一个适合你的方法。

2.3.2　邓宁-克鲁格效应

与冒充者综合征相反的是邓宁-克鲁格效应。这是一种认知偏见，人们认为自己比实际情况更有能力。处于"无意识的无能力"阶段的工程师不知道自己不知道什么，所以他们不能准确地评估自己和他人的表现。他们太自信了。他们总是到处批判公司的技术栈，抱怨代码的质量，贬低设计。他们确信自己的想法是正确的。他们的默认模式是直接回绝或无视反馈。拒绝所有的建议会亮起一盏巨大的红灯：完全自信标志着盲点。

幸运的是，邓宁-克鲁格效应在新手工程师中并不常见。有许多方法可以对抗它：有意识地培养好奇心；对犯错持开放态度；找到一位受人尊敬的工程师，询问他你做得怎么样，并真正地倾听；讨论设计决策，尤其是那些你不同意的决策，问问为什么会做出这样的决策；培养一种权衡利弊的心态，而不是非黑即白的心态。

2.4 行为准则

需要做的	不应该做的
➤ 多尝试和实验代码	➤ 只是大量炮制劣质代码
➤ 多阅读设计文档和他人的代码	➤ 害怕承担风险和失败
➤ 参加一些聚会、在线社区、兴趣小组和导师计划	➤ 过于频繁地参加研讨会
➤ 多读论文和博客	➤ 害怕提出问题
➤ 多采用"非打扰式"交流	
➤ 旁听面试以及参与 On-Call 轮换	

2.5 升级加油站

戴夫·胡佛和阿德瓦莱·奥希尼亚合著的《软件开发者路线图：从学徒到高手》（*Apprenticeship Patterns: Guidance for the Aspiring Software Craftsman*，已由机械工业出版社于 2010 年引进出版）是一个伟大的"模式"（pattern）集合，人们可以利用这些模式在新的环境中起步，从中寻求指导，深入地学习技能，并克服常见的障碍。

　　关于如何提问的更多信息，我们推荐韦恩·贝克写作的《你要做的全部就是提问：如何掌握成功最重要的技能》（*All You Have to Do Is Ask:How to Master the Most Important Skill for Success*，由 Currency 出版社于 2020 年出版），这本书分为两部分：第一部分讨论了提出问题的价值以及为什么它很难；第二部分是一个有效提问的工具箱。

　　关于结对编程的更多信息，一本经典的书是由肯特·贝克和辛西娅·安德烈斯写作的《解析极限编程——拥抱变化》（*Extreme Programming Explained: Embrace Change*，已由机械工业出版社于 2011 年引进出版）。这本书涵盖的内容远远超过了结对编程。如果你只对较短的介绍感兴趣，比吉塔·贝克勒和尼娜·西塞格的文章《论结对编程》（"On Pair Programming"）是一篇优秀的使用指南。

　　如果冒充者综合征或邓宁-克鲁格效应的部分引起了你的共鸣，请查看埃米·卡迪的《高能量姿势：肢体语言打造个人影响力》（*Presence: Bringing Your Boldest Self to Your Biggest Challenges*，已由中信出版集团于 2019 年引进出版）。该书涉及许多工作焦虑和过度自信的常见原因。

第 **3** 章

玩转代码

在法国的阿尔勒有一个建于古罗马时代的竞技剧场。当时它能容纳多达 2 万名观众，供观众观看战车比赛和角斗。罗马灭亡后，一个小镇就建在竞技剧场内。这是有道理的，因为竞技剧场既有墙壁，又有排水系统。后来的居民可能发现这种搭配既奇怪，又很不方便。他们可能会去批评圆形剧场的建筑师，因为是建筑师的那些选择使它现在难以彻底地转变为一个城镇。

代码库就像阿尔勒的那个圆形剧场一样。一代人写了几层，然后又改了改。很多人都接触过这些代码。测试缺失或强制执行已经过时的设定，不断变化的需求扭曲了代码的使用。与代码打交道很艰难，但也是你首先必须要做的几件事情之一。

本章将告诉你如何处理现有的代码。我们将介绍混乱的根源，即"软件的熵"和"技术债"，然后给你一些视角。接着，我们将就如何安全地修改代码给出实用的指导。最后我们将给出一些提示来避免意外地造成代码混乱。

3.1　软件的熵

当你浏览代码时，你就会注意到它的缺点。混乱的代码是变化的自然副作用，不要把代码的不整洁归咎于开发者。这种走向无序的趋势被称为软件的熵（software entropy）。

很多事情都会导致软件的熵，比如开发者误解了其他人的代码或风格上的差异，再如不断进步的技术栈和不断发展的产品需求会导致混乱（参见第 11 章），以及 bug 修复和性能优化带来的复杂性。

幸运的是，软件的熵可以被管理。代码风格和 bug 检测工具有助于保持代码的整洁（参见第 6 章），代码评审有助于传播知识和减少不一致（参见第 7 章），持续的重构可以减少熵（参见3.3 节）。

3.2　技术债

技术债（technical debt）是造成软件的熵的一个主要原因。技术债是为了修复现有的代码不足而欠下的未来工作。与金融债务一样，技术债也有"本金"和"利息"。本金是那些需要修复的原始不足。利息是随着代码的发展没有解决的潜在不足，因为实施了越来越复杂的变通方法。随着变通办法的复制和巩固，利息就会增加。复杂性蔓延开来，就会造成 bug。未支付的技术债很常见，遗留代码里有很多这样的债务。

你不同意的技术决策并不是技术债，你不喜欢的代码也不是。要成为技术债，这个问题必须迫使团队"支付利息"，或者代码必须冒着触发严重问题的风险，因为严重问题需要紧急支付。不要滥用这个专有名词。经常说"技术债"会削弱这个说法的严重程度，使解决重要的债务变得更加困难。

我们知道债务的存在令人沮丧，但它并不全然是坏事。马丁·福勒将技术债划分为一个 2×2 的矩阵（见表 3-1）。

表 3-1　技术债矩阵

	鲁莽的	谨慎的
有意的	"我们没有时间去设计"	"让我们先发布再处理后续"
无意的	"什么是分层结构？"	"现在我们知道了当时应该怎么做"

谨慎的、有意的技术债（右上）是技术债的典型形式：在代码的已知不足和交付速度之间进行务实的取舍。只要团队有规划地解决这个问题，这就是好的债务。

鲁莽的、有意的技术债（左上）是在团队面临交付压力的情况下产生的。出现"……就……"或"只是"这种词就是在暗示讨论中的内容是鲁莽的债务："我们稍后就会添加结构化日志"，或者"只是增加了超时等待的时长"。

鲁莽的、无意的技术债（左下）来自"不知道自己不知道"。你可以通过事前写下实施计划并获得反馈的方式，以及进行代码评审的方式来减轻这种债务的危险。持续学习也可以最大限度地减少这种无意的鲁莽行为。

谨慎的、无意的技术债（右下）是成长经验积累的自然结果。有些教训只有在事后才会被吸取："我们应该为那些没有完成注册流程的人创建账户。市场部需要拿到那些失败的注册行为，现在我们不得不添加额外的代码。如果它是核心数据模型的一部分，我们就不用这么费劲了。"与谨慎的、有意的技术债不同，团队不会知道自己正在承担债务。与鲁莽的、无意的技术债不同，这种类型的债务更像是在出问题的领域反思学习或作为软件架构师成长的必经之路，而不是未做功课这么简单。健康的团队使用诸如项目回顾等做法来发现无心之债，并讨论何时以及是否偿还。

从这个矩阵中得到的一个重要启示是，技术债总是不可避免的，因为你无法防止无意中的错误。技术债甚至可能是成功的标志：项目只有存活了足够长的时间，才会变得无序。

解决技术债

不要等到世界都停转一个月了才去解决问题。相反地，要边做边解决，着手去做小幅的重构。在小幅的、独立的提交（commit）和拉动请求（pull request）中推动问题的修改。

你可能会发现，增量重构还不够，你需要更大的改动。大型重构是一项重大的投入。在短期内，偿还技术债会拖慢交付特性的速度，而承担更多的技术债会加速交付。长期来看，情况正好相反：偿还技术债会加快交付的速度，而承担更多的债务则会减缓交付。产品经理会得到鼓励去推动实现更多的特性（当然，这意味着更多的技术债）。正确的平衡点在很大程度上取决于环境。如果你有关于大规模重构或重写某些模块的建议，请先向你的团队说明情况。下面是讨论技术债的一个优秀的模板：

1. 按事实陈述情况；
2. 描述技术债的风险和成本；
3. 提出解决方案；
4. 讨论备选方案（不采取行动也是备选方案）；
5. 权衡利弊。

以书面形式提出你的建议。不要把你的呼吁建立在价值判断上（"这代码又老又难看"），将重点放在技术债的成本和修复它带来的好处上。要具体，如果有人要求你证明这种改动会带来哪些好处，不要感到惊讶。

> 大家好，
>
> 我认为现在是时候把登录服务分成两个服务了：一个用于认证，另一个用于授权。
>
> 登录服务的不稳定性占了我们 On-Call 问题的 30%

以上。这种不稳定性似乎主要来自认证和授权逻辑的交织。目前的设计使得我们真的很难测试所有我们需要提供的安全相关的特性。我们保证我们客户数据的安全，但是现在的登录服务使得这个承诺越来越难以兑现。我还没有同合规审计部门谈过，但我担心当我们进行下次审计时，他们会提出这个问题。

我认为访问控制逻辑被放在服务中主要是权宜之举，因为当时有各种时间和资源的限制，并没有一个总体的架构原则导致了这个决策。现在为了解决这个问题，意味着需要重构登录服务并将授权代码移出，这会是一个大工程。不过，在我看来，为了解决稳定性的问题和应对正确性的挑战，这些付出还是值得的。

减少工作量的一个方法是利用后端团队的授权服务来替代创建我们自己的。我不认为这是个正确的方法，因为这两种服务要应对的是不同的应用场景。我们处理的是面向用户的授权，而他们解决的是系统间的授权。但也许会有一种更好的方法可以同时满足这两种情况，还不会相互影响。

大家觉得怎么样？

谢谢！

约翰娜

3.3 变更代码

变更代码和在新代码库中写代码完全不一样，你必须在不破坏现有行为的情况下进行这些修改。你必须理解其他开发者的想法，坚持原有的代码风格和设计模式。而且，你必须在工作中温和地改进代码库。

　　无论是添加新特性、重构、删除代码还是修复 bug，变更代码的技术大体上一致。事实上，不同类型的变更经常被结合起来使用。所谓重构，是指在不改变软件行为的情况下改进内部代码结构。它经常发生在添加新特性的时候，因为它使新特性可以更容易地被添加。而在修复 bug 的过程中，则经常删除代码。

　　改变现有的大型代码库是一项需要经过多年甚至几十年锤炼的专业技能。下面的小技巧在你开始的时候就会帮助到你。

3.3.1　善于利用现有代码

　　迈克尔·C. 费瑟斯在他的《修改代码的艺术》（*Working Effectively with Legacy Code*，已由人民邮电出版社于 2007 年引进出版）一书中，对如何安全地在现有代码库中修改代码提出了以下步骤：

1．定义变更点；
2．寻找测试点；
3．打破依赖关系；
4．编写测试；
5．进行修改和重构。

　　如果将第 5 步比作播撒种子，那么前 4 个步骤就可以被看作在田地周围清理空地并建立栅栏。在栅栏建好之前，野生动物可以闯入并挖走你的作物。找到你需要修改的代码，并想出如何测试它。如果需要的话，为了让测试成为可能，可以对代码进行重构。针对现有的软件行为也要添加测试用例。一旦竖起栅栏，你的修改点周围的区域就得到了很好的保护，然后就可以在里面修改代码了。

　　首先，使用第 2 章中的策略定位需要改变的代码，即变更点：阅读代码，进行实验并提出问题。在我们的园艺比喻中，变更点就是你要种下种子的地方。

　　一旦你定位了代码，就要找到它的测试点。测试点是你想要修改的代码的入口，也就是测试用例需要调用和注入的区域。测试点揭示了代码在被你变更之前的行为，你需要使用这些测试点来测试你自己的变更。

如果你很幸运，测试点很容易被找到；否则，你就需要打破依赖关系才能找到它们。在这里，依赖关系不是指类库或服务的依赖关系，而是指测试你的代码时所需要的对象或方法。打破依赖关系意味着改变代码结构，使其更容易测试。你只有改变代码，才能将你的测试挂起来，并提供合成的输入。这些代码变更一定不要改变原有的代码行为。

使用重构以打破依赖关系是工作中风险最大的部分。它甚至可能涉及改变预先设定好的测试用例，这使得它更难以检测到原有的行为是否改变。采取小步前进的方式，在这个阶段不要引入任何新特性。确保你能快速地运行测试用例，这样你就能频繁地测试。

有各种各样的技术手段可以打破依赖关系，包括以下几种：

- 将一个大的、复杂的方法拆分成多个小的方法，这样就可以分别去测试独立的特性片段；
- 引入一个接口（或其他中介），为测试提供一个复杂对象的简单实现——不完整，但要满足测试需要；
- 注入明确的控制点，允许你模拟难以控制的执行的切片，如时间的推移。

不要为了方便测试去改变访问声明。将私有（private）方法和变量公开以让测试用例访问代码，但同时也破坏了封装，这是一种糟糕的方式。破坏封装会增加你在项目的生命周期内必须保证的原有行为一致性的覆盖面积。我们将在第 11 章中进一步讨论这个问题。

当你重构和打破依赖关系时，应该添加新的测试来验证旧的行为。在迭代过程中要频繁地运行测试套件，包括新的和旧的测试用例。考虑使用自动测试工具来生成捕获现有行为的测试用例。关于测试编写的更多内容，请参见第 6 章。

一旦打破了依赖关系，同时还有良好的测试用例，就应该去

"真正地"变更代码了。添加测试用例来验证这些变更，然后重构代码以进一步改善其设计。你可以进行大胆的改变，因为你已经确保了代码的边界。

3.3.2　过手的代码要比之前更干净

互联网上的编程传说经常引用童子军的原则："住过的营地要比住之前更干净"。就像营地一样，代码库是共享的，如果能继承一个清爽的代码库，善莫大焉。将同样的哲学——"过手的代码要比之前更干净"应用于代码会帮助你的代码随着时间的推移而变得更好。在不影响整个项目持续运转的情况下[①]要持续地重构工程，这样重构的成本就会平摊在多次的版本更迭中。

当你修复错误或增加新的特性时，只清理有关联性的代码。不要不顾一切地去找"脏"代码，要"随缘"一些。尽量将清理代码的提交和改变行为的提交各自分开。分开提交可以让你在不会丢失针对代码清理的提交的基础上，更容易地去恢复代码变更。较小的提交也更容易针对变更的部分进行评审。

重构并不是清理代码的唯一方法。有些代码"闻起来"就很糟糕。在你的工作中，要随时定位有异味的代码。代码异味（code smell）是一个术语，专指那些不一定是 bug，但采用了已知会导致问题的代码模式，通常"闻起来很怪"，如代码清单 3-1 所示的代码片段。

代码清单 3-1

```
if (a < b)
  a += 1;
```

这段代码是完全正确的。在 Java 中，一个单一的语句可以跟在一个条件后面，并不完全需要在它周围加上大括号。然而，这段代

---

① 原文中使用了 stop-the-world 一词，在 JVM 的 GC 机制中，特指暂停所有当前运行的线程，简称 STW。

码非常糟糕，因为它会使人们很容易犯如代码清单 3-2 所示的错误。

代码清单 3-2

```
if (a < b)
  a += 1;
  a = a * 2;
```

　　与 Python 不同，Java 忽略了缩进，而是依靠大括号来分组语句。所以不管 if 条件是什么，a 的值都会被翻倍。如果在编写原始代码时使用了大括号包围住 a += 1;，就更难犯这个错误了。缺少大括号就是一种代码异味。

　　许多编译器和代码质量检查工具会检测到这个问题，以及其他的代码异味，比如过长的方法或类、重复的代码、过多的分支或循环或过多的参数。如果没有可供参照的工具和经验，就很难识别更多、更微妙的反模式的代码。

3.3.3　做渐变式的修改

　　重构经常会采用下面两种方式中的一种。第一种方式是那种巨大的"翻天覆地"式的代码变更，一次性地修改几十个文件。第二种方式是在一个混乱的拉动请求中既有重构也有新特性。这两种方式的修改都很难进行代码评审。这种合并方式使得只想恢复特性而不影响那些用以重构的代码的回滚操作变得非常困难。相反，保持你每次重构代码的体量很小。为代码变更算法中的每个步骤提交单独的拉动请求（参见 3.3.1 小节）。如果这些代码变更难以理解，那就使用较小规模的提交。最后，在你着手重构的时候，要得到你的团队的支持。因为你正在修改你的团队的代码，他们也应该参与进来。

3.3.4　对重构要务实

　　重构并不总是明智的选择。因为团队的工作有截止日期和排他的优先事项，重构需要花费时间。你的团队可能会决定忽略重构，而去开发新特性，正是这样的决定增加了团队的技术债，但这可能同时也是正确的决定。重构的成本也可能超过其价值。正在被替换的旧的、废弃的代码不需要被重构，同理，低风险或很少被触及的代码也不需要。在重构的时候要务实。

3.3.5 善用 IDE

很多"精英程序员"[①]会认为使用集成开发环境（IDE）是一种耻辱。他们认为从编辑器中获得"帮助"是一项弱点，并迷恋 Vim 或 Emacs，所谓"一种更文明时代的优雅武器"。这是无稽之谈。利用一切你所拥有的工具。如果你的编程语言有一个优秀的 IDE，就去使用它。

IDE 在重构时特别有帮助。它们拥有可以方便地重命名和移动代码、提取方法和字段、更新方法签名，以及进行其他常见的操作的工具。在大型代码库中，简单的代码操作既烦琐又容易出错。IDE 会自动浏览代码并更新它以反映新的变化。（为了防止有人抬杠：我们知道如何让 Vim 和 Emacs 也这样做。）

只是不要被工具牵着鼻子走，IDE 使重构变得如此容易，以至于通过一些简单的调整就能创造出巨大规模的代码变更。开发者仍然需要自己检查一下 IDE 做的自动修改。自动重构也有其局限性，如果通过反射或元编程来调用一个已经重命名的方法，这种调用就可能不会被自动调整。

3.3.6 请使用 VCS 的最佳实践

代码变更都应该被提交到版本控制系统（VCS），如 Git。VCS 可以跟踪代码库的历史：谁做了哪些修改（提交了哪些代码改动）以及何时修改的。每次提交都需要附一份提交信息（commit message）。

[①] 原文写作 l33t，读作 "leet"，是 elite（精英）一词的缩写。

在开发过程中,尽早并频繁提交你的修改。频繁地提交可以显示出代码随着时间的推移而发生的变化,方便你撤销修改,并将之作为一份远程备份。然而,频繁地提交往往会导致无意义的信息,如"哎呀"或"修复测试错误"。当你在写代码的时候,简略地提交信息并没有错,但对其他人来说,这些信息是没有价值的。重置你的分支,压缩你的提交,并在提交代码修改供评审之前写一份清晰的提交信息。

你压缩后的提交信息应该遵循你的团队的惯例。一个常见的做法是在提交信息前加上一个问题编号作为前缀:"[MYPROJ-123]让后端与数据库的处理生效"。将提交信息与问题联系起来,可以让开发人员找到更多的背景,并允许使用脚本和工具。如果没有既定的规则,可以遵循克里斯·比姆斯的建议。

- 用一个空行将标题与正文分开。
- 标题行限制在 50 个字符以内。
- 标题行要大写。
- 不要以句号结束标题行。
- 在标题行中使用命令式语气。
- 将正文限制在 72 个字符之内。
- 用正文解释修改的内容和原因,而不解释如何修改。

克里斯的帖子值得一读,它描述了良好的代码规范。

3.4 避"坑"指南

现有的代码都多多少少地背负历史包袱。类库、框架和模式都已经摆在那里了,有些标准会困扰你。想用干净的代码和现代技术栈来工作是很自然的想法,但重构代码或忽视标准的诱惑是危险的。重构代码如果做得不好,会破坏代码库的稳定性,而且重构会以牺牲发布新特性为代价。继承原有的代码标准可以保持代码的可读性,但前后的不统一将使开发人员难以理解代码。

本·霍洛维茨在他的《创业维艰：如何完成比难更难的事》（*The Hard Thing About Hard Things*，已由中信出版集团于 2015 年引进出版）一书中说：

> 任何技术创业公司必须做的主要的事情是建立一个产品，这个产品在做某件事情时至少要比目前流行的方式好十倍。两倍或三倍的改进不足以让人们快速或大量地转向新事物。

本说的"产品"是初创产品，但同样的想法也适用于现有代码。如果你想重构代码或重定义标准，你的改进就必须是一个数量级层面的改进。小的收益是远远不够的，因为成本太高了。大多数工程师低估了惯例的价值，而高估了忽视惯例的收益。重构、打破惯例或在技术栈中添加新技术时要谨慎。把重构代码的机会留给高价值的情况。在可能的情况下使用保守一些的技术。不要忽视惯例，即便你不同意它，也要避免对代码硬分叉。

3.4.1　保守一些的技术选型

软件是一个快速发展的领域。新的工具、语言和框架不断地出现。与网上"大火"的东西相比，现有的代码看起来有些过时。然而，成功的公司留用旧的代码——比如旧的类库和旧的模式——是有原因的：成功需要时间，而在技术上大动干戈会让人分心。

新技术的问题是，它不太成熟。丹·麦金利在他的演讲"选择保守的技术"中指出"在保守技术上出现的故障模式很好理解"。所有的技术都会发生故障，但旧的东西以可预测的方式发生故障，新东西往往会以令人惊讶的方式发生故障。缺乏成熟度意味着更小的社区、更低的稳定性、更少的文档，以及更差的兼容性。新技术甚至在 Stack Overflow[①]上有更少的答案。

[①]　Stack Overflow 是著名的 IT 类的问答网站，直译为栈溢出。

有时新技术会解决你公司的问题，有时则不会。要辨别何时使用新技术，需要明确的规则和经验。新技术的收益必须超过其成本。每一项使用新技术的决定都要花费一枚"创新代币"，丹用这个概念表明，花在新技术上的精力也可以花在开发新的软件特性上。公司拥有这种代币的数量很有限。

为了平衡成本和收益，应该把代币花在服务于公司高价值领域（即核心竞争力）的技术上，以解决广泛的难题，并能被多个团队复用。如果你的公司专门从事抵押贷款的预测分析，并拥有一支博士级的数据科学家的团队，那么采用前沿的机器学习算法就有意义；如果你的公司只有 10 名工程师，正在开发 iOS 游戏，这种情况就要使用一些现成的东西。如果新技术能使你的公司更有竞争力，它就有更大的技术红利。如果它能被广泛采用，并且更多的团队可以从中受益，那么你的公司将分摊更少的软件整体维护的成本。

为一个项目选择一种新的编程语言会产生特别深远的影响。使用一种新的语言会将整个技术栈拉入你公司的生态系统。新的构建系统、测试框架、IDE 和类库都必须得到支持。一种语言可能具有很大的优势：一种特定的编程范式，更易于实验，或消除某些类型的代码错误。一种语言的优势必须与它的劣势保持平衡。如果说使用一个新的框架或数据库需要花费一枚创新代币，那么使用一种新的语言可能就需要花费 3 枚。

围绕一种新语言的生态系统的成熟度尤其关键。构建和打包系统是否考虑周全？IDE 的支持情况如何？重要的类库是否由经验丰富的开发者维护？测试框架是否可用？如果你需要技术支持，你能支付费用吗？你能雇用到具有相关技能的工程师吗？该语言是否容易掌握？该语言的性能如何？该语言的生态系统是否可以与公司现有的工具集成在一起？对这些问题的回答与语言本身的特点一样重要。价值数十亿美元的公司都是建立在成熟但有些无聊的编程语言之上的，伟大的软件基本都是用 C、Java、PHP、

Ruby 和.NET 编写的。除非某种语言正在消亡，否则它的年龄和缺乏吸引力都很难成为反对使用它的理由。

SBT 和 Scala

2009 年，LinkedIn 的开发人员发现了 Scala。与 LinkedIn 广泛使用的 Java 相比，用 Scala 写代码更令人愉快。这种语言拥有一个强大的、富有表现力的类型系统。它不那么啰唆，融合了函数式编程技术。此外，Scala 可以在 Java 虚拟机（JVM）上运行，所以运维团队可以使用他们习惯的 JVM 工具来运行 Scala。这也意味着 Scala 代码可以与现有的 Java 类库进行互操作。有几个大型项目采用了 Scala，其中包括 LinkedIn 的分布式图数据库和它的新日志系统 Kafka。

克里斯为 Kafka 创建了一个流处理系统，叫作 Samza。他很快就发现，Scala 宣称的自己可以与 JVM 轻松整合的理念并没有被实践所证实。许多 Java 类库在使用 Scala 的集合库时都很笨拙。最重要的是，Scala 的构建环境也很麻烦。LinkedIn 正在使用 Gradle 作为它的构建系统，这也是一项新生的技术。Gradle 根本不支持 Scala，Scala 社区使用的则是 Scala 自身的构建工具（SBT）。

SBT 是一个建立在 Scala 本身之上的构建系统。它定义了一种用于创建构建文件的领域特定语言（domain-specific language，DSL）。克里斯了解到，SBT 有两种完全不同的 DSL，这取决于你所运行的版本。大多数互联网上的实例都使用了较早的、被放弃的语法，而他完全无法理解新版语法的说明文档。

在随后的几年里，Scala 仍然是他的"眼中钉"：不同版本之间的二进制不兼容，JVM 分段故障，不成熟的类库，以及缺乏与 LinkedIn 内部工具的整合。团队开始隐藏 Scala，将其从客户端类库中剥离。对像克里斯这样更专注于流处理而非语言细节的人来说，在 2011 年 Scala 被证明是一个糟糕的选择，因为它使他在语言和工具本身花费了大量的时间。

3.4.2 不要特立独行

不要因为你不喜欢你公司（或行业）的标准就忽视它们，编写非标准的代码意味着它将无法适应公司的环境。因为持续集成检查、IDE 插件、单元测试、代码校验、日志聚合工具、指标仪表盘和数据管道都已经集成在一起了，你自定义的方案肯定会代价高昂。

你的喜好可能真的更好，但特立独行仍然不是一个好主意。在短期内，大家要做一样的事情。试着去理解标准做法的理由，它有可能是在解决一个不显眼的问题。如果你不能找出一个好的理由，就去四处打听一下。如果你仍然找不到答案，就与你的管理者和负责该技术的团队交流一下。

在改变标准时，会有许多方面需要考虑：优先权、所有权、成本和实施细节。说服一个团队终结他们自己的东西并不容易，一定会有很多意见。你需要实事求是。

与重构一样，改变被广泛采用的东西肯定进展很缓慢，但并不意味着不值得这样做。如果你通过恰当的方式展开行动，这会对你有益。你会接触到组织中的其他部分，这对于协同工作和晋升都大有裨益。你还将成为新解决方案的早期采用者，因为你可以首先使用这个新东西。通过贡献力量，你会得到你想要的东西。

但不要从你的日常工作中分心，并确保你的管理者了解你正花时间在这些项目上。

3.4.3　不要只分叉而不向上游提交修改

分叉（fork）是对一个代码库进行完整的、独立的复制，分叉之后的代码库有自己的主干、分支和标签。在 GitHub 这样的代码共享平台上，在向上游代码库提交拉动请求之前，就可以分叉上游代码库。分叉操作可以让那些对主代码库没有写入权限的人仍然可以对项目做出贡献，这是一种正常而健康的做法。

不太健康的做法是只分叉代码库而不打算回馈修改。这种情况发生在对项目的方向有分歧的时候，原来的项目被废弃了，或者是很难把修改的代码合并到主代码库里。

分叉公司内部的代码库并进行维护特别有害。开发人员会告诉对方，他们会在"稍后"回来贡献一些修改，但这很少发生。没有及时贡献到上游代码库的小调整会随着时间的推移而变得复杂。最终，你将运行一个完全不同的软件。特性和 bug 修复会变得越来越难以向上游合并。团队会发现，它已经隐含地签署了维护整个项目的协议。有些公司甚至把他们自己的开源项目分叉了，因为他们自己内部也没有贡献修改。

3.4.4　克制重构的冲动

重构工作常常升级为全方位的重写。重构现有的代码令人望而生畏，为什么不扔掉旧系统，从头开始重写一切呢？把重构看作最后的手段——这是从多年的经验中艰难得出的建议。

有些重构值得去做，但许多重构不值得。对你的重构欲望要诚实，那些代码使用了你不喜欢的语言或框架并不是一个好理由，只有在收益大于成本的情况下才应该进行重构。重构是有风险的，成本也很高。工程师们总是会低估重构花费的时间，尤其是迁移花费的时间往往很可怕。数据需要被转移，上游和下游的系统都需要同步更新，这可能需要几年甚至几十年。

重构也不总是一个更好的选择。弗雷德里克·布鲁克斯在他的名作《人月神话》(*The Mythical Man-Month*，已由清华大学出版社于 2002 年引进出版) 中创造了 "第二系统综合征" 这一短语，描述了简单系统如何被复杂系统所取代。第一个系统的范围是有限的，因为它的创造者并不了解可能会出问题的地方。这个系统完成了它的工作，但它是笨拙的和有限的。现在有经验的开发者清楚地看到了他们的问题所在，他们开始用他们的一切聪明才智来开发第二个系统。新系统是为灵活性而设计的，所有东西都是可配置和可注入的。可悲的是，第二个系统通常是一个臃肿的烂摊子。如果你要着手重构一个系统，要小心过度扩张。

迁移 Duck Duck Goose

Twitter 公司的内部 A/B 测试工具被称为 Duck Duck Goose，缩写为 DDG。DDG 的第 1 版是在公司历史的早期所创建的。在公司飞速发展了几年后，它开始显示出它的垂垂老矣。几名最有经验的工程师开始动了重建它的想法。他们想改进系统架构，使其变得更加可靠和可维护，将编程语言从 Apache Pig 改为 Scala，并解决其他的限制 (这是在克里斯的 Samza 故事发生之后的几年，Twitter 为使 Scala 可以在公司稳定运行付出了多年努力)。德米特里被拉去管理一个围绕这项工作而成立的团队。这个团队由老的开发人员、有新想法的工程师和其他的一些人组成。他们预计用一个季度的时间建立并发布新的系统，用第二个季度的时间去淘汰旧的系统。

在实践中，他们却花了一年的时间才使 DDG 第 2 版稳定到足以成为公司 A/B 测试的默认选择，又花了六个月时间退役旧的 DDG。在这个过程中，旧的代码库赢得了很多尊重。代码中的复杂分层开始变得有意义。最后，新的工具在很多方面都优于其前身。它经受住了时间对自己的考验：现在它比第 1 版被取代时的使用年限还长。但是，有经验的工程师和管理者们预估的 6 个月的项目周期最终膨胀到了 18 个月，这远远超过了 100 万美元的额外开发成本。于是他们不得不与副总们进行很艰难的交涉："不，说真的，老板，这将是更好的选择。我只是再需要一个季度，就一个季度。"在最初负责重构原型的 3 名开发人员中，有两人离开了公司，第三人刚完成重构就调离了团队。不要以为重构工作会很轻松，这将是一个艰难的过程。

3.5 行为准则

需要做的	不应该做的
➢ 进行渐进式的重构	➢ 过度使用"技术债"这个词
➢ 从新特性的提交中剥离重构的部分	➢ 为了适应测试而将变量或方法变成公共的
➢ 保持以小规模的方式修改代码	➢ 成为编程语言上的"势利眼"
➢ 将过手的代码整理得比之前更干净	➢ 忽视你公司的标准和工具集
➢ 使用保守的技术选型	➢ 只分叉而不向上游提交修改

3.6 升级加油站

我们大量引用了迈克尔·C. 费瑟斯的《修改代码的艺术》的内容。这本书的内容远比我们在几页纸上所写的要详细得多。如果你发现自己在处理庞大而混乱的代码库，我们推荐迈克尔的书。你可能还会发现乔纳森·博卡拉的书《处理遗留代码的工具箱：软件专业人员处理遗留代码的专业技能》（*The Legacy Code Programmer's Toolbox: Practical Skills for Software Professionals Working with*

Legacy Code，由 LeanPub 于 2019 年出版）很有帮助。

马丁·福勒写了很多关于重构的文章。如果你想阅读短一些的内容，他的博客是一个寻找这些内容的好地方。如果你对关于重构的经典图书感兴趣，他的代表作为《重构：改善既有代码的设计》（*Refactoring: Improving the Design of Existing Code*，已由人民邮电出版社于 2010 年引进出版）。

最后，我们必须提到弗雷德里克·布鲁克斯的《人月神话》。这是一本每名软件工程师都应该阅读的经典作品，讲述了软件项目在实践中如何运转。你会惊讶于这本书在很大程度上适用于你在工作中的日常经验。

第 4 章

编写可维护的代码

当暴露在"真实世界"中时，代码会做出奇怪的反应。用户行为不可预测，网络不可靠，事情总会出错。生产环境下的软件必须一直保持可用的状态。编写可维护的代码有助于你应对不可预见的情况，可维护的代码有内置的保护、诊断和控制。切记通过安全和有弹性的编码实践进行防御式编程来保护你的系统，安全的代码可以预防许多故障，而有弹性的代码可以在故障发生时进行恢复。你还需要能够看到正在发生的事情，这样你就可以诊断出故障，将日志、指标和跟踪的调用信息暴露出来可以方便诊断。最后，你需要在不修改代码的情况下控制系统。一个可维护的系统具有可配置参数和系统工具。

本章描述了一些最佳实践，它们将使你的代码更容易在生产环境中运行。本章要涵盖的内容很多，所以行文比较紧凑。到最后，你将熟悉那些可以使你的软件具有可操作性的关键概念和工具。此外，与可操作性相关的评审意见在代码评审环节中很常见，这些信息将帮助你给予和接受更好的反馈。

4.1 防御式编程

编写拥有良好防御性的代码是一种对那些运行你的代码的人（包括你自己！）富有同情心的表现。防御性的代码较少发生故障，就算它发生故障，也更有可能恢复。切记让你的代码安全而有弹性。安全的代码利用编译时的校验来避免运行时的故障，使用不可变的变量、限制范围的访问修饰符和静态类型检查工具来防止bug。在运行时，校验输入的值可以避免出现意外。有弹性的代码使用异常处理中的最佳实践来优雅地处理故障。

4.1.1 避免空值

在许多语言中，没有值的变量默认为 null（或 nil、None 或其他一些变体）。空指针异常是一种常见的情况。跟踪堆栈信息总会使人们挠着头，并发出"这个变量怎么可能没有被赋值"这样的疑问。

通过检查变量是否为空，通过使用空对象模式（null object pattern），或通过可选类型（option type）来避免空指针异常。

切记在方法的开头进行空值检查。在条件允许的情况下，可以使用 NotNull 注解和编程语言中类似的特性。在前面校验变量是否为空意味着后面的代码可以安全地假定它是在处理真实的值，这将使你的代码更干净、更易读。

空对象模式会使用一个对象来代替空值。这种模式的一个例子：对于某个搜索方法，当它没有找到任何结果时，会返回一个空列表而不是 null。返回空列表可以允许调用者安全地遍历这个返回值，而不需要特别的代码来处理空结果集。

一些编程语言有内置的选项类型——Optional 或 Maybe，这迫使开发者考虑如何处理响应为空的状况。如果有这种可选类型的话，请利用它们的优势。

4.1.2　保持变量不可变

不可变的变量一旦被赋值就不能被改变。如果你的语言有办法明确地将变量声明为不可变的（Java 中的 `final`，Scala 中的 `val` 而不是 `var`，在 Rust 中使用 `let` 而不是 `let mut`），那么应该尽可能地这样做。不可变的变量可以防止意外的修改。许多变量可以被设置成不可变，这比你一开始想象的要多。作为奖励，使用不可变的变量可以使并发编程变得更简单，而且当编译器或运行环境知道变量不会改变时就可以运转得更有效率。

4.1.3　使用类型提示和静态类型检查器

限制变量可以被赋的值。例如，只有几个可能的字符串的变量应该是一个 `Enum` 而不是一个 `String`。限制变量将确保意外的值会立即失效（甚至可能无法编译），而不是任由其引发潜在的 bug。在定义变量时，尽可能使用最具体的类型。

动态语言如 Python（从 Python 3.5 开始）、通过 Sorbet 校验的 Ruby（计划成为 Ruby 3 的一部分）和 JavaScript（通过 TypeScript）现在都对类型提示和静态类型检查器有越来越强大的支持。类型提示会在动态定义的类型中让你明确指定一种变量的类型。例如，代码清单 4-1 所示的 Python 3.5 的方法就使用了类型提示来接收和返回一个字符串。

代码清单 4-1

```
def say(something: str) -> str:
    return "You said: " + something
```

最重要的是，类型提示可以逐步地被添加到现有的代码库中。静态类型检查器在代码执行之前会使用类型提示来发现潜在 bug，所以配合静态类型检查器一起使用，你就可以防止运行时出现故障。

4.1.4 验证输入

永远不要相信你的代码接收的输入，开发人员、有问题的硬件和人为的错误都会破坏输入的数据。通过校验输入的正确性去保护你的代码，可以使用先决条件、校验和[①]（checksum）以及校验数据合法性，套用安全领域中的最佳实践以及使用工具等方法来发现常见的错误。尽可能地提早拒绝不良输入。

使用前置条件和后置条件的方式来校验方法中输入的变量。当你使用的数据类型不能完全地捕获有效的变量值时，可以使用校验前置条件的类库和框架。大多数语言都有类似的库，其中有像 checkNotNull 这样的方法或像 @Size(min=0, max=100) 这样的注解。尽可能地限制可能的取值。校验输入的字符串是否符合预期的格式，并记得处理前面或后面的空格。校验所有的数字是否在适当的范围内：如果一个参数应该大于 0，那就要确保它大于 0；如果一个参数是 IP 地址，那就要检查它是否是一个有效的 IP 地址。

不接受 Word 文档

德米特里在大学时曾在一个比较基因组学实验室做兼职工作。他的团队构建了一个网络服务，供科学家上传 DNA 序列并在上面运行实验室的工具。他们遇到的最常见的错误原因之一是，生物学家会把 DNA 序列的文本（比如一长串的 As、Cs、Ts 和 Gs）放到一个 Word 文档中而不是一个纯文本文件中。解析器当然会中断，还无法生成任何结果。用户被告知没有找到匹配的序列。这是一种常见的情况。

[①] 校验和是一种常见的为了保证传输的数据正确性的校验方法。一般在传递端将待传递的数据进行简单的加和，并把加和的结果一并传输到接收端。接收端将接收的数据加和与接收的加和进行对比。这种方法广泛应用在网络传输、内部数据传输等场景。

人们甚至提交了错误报告，表明 DNA 搜索功能已经坏掉：它没有找到在数据库中绝对存在的序列。

这种情况持续了相当长的一段时间。该团队指责用户，因为说明书中明确指出了需要上传"纯文本文件"。最后，德米特里厌倦了回复那些电子邮件去指导用户保存纯文本文件，所以他更新了网站。难道他添加了一个 Word 解析器吗？天哪，当然没有。他有没有添加文件格式检查和适当的错误检查，来提醒用户该网站无法处理他们的提交请求？当然也没有。他只是添加了一个画着一条红线的微软 Word 的大图标和一个说明超链接。寻求支持的电子邮件数量急剧下降！搞定了！

旧的网站仍然在运行，尽管它已经升级了。"不接受 Word 文档！"的图标已经消失，只剩下一个警告。"只接受纯文本，不接受 Word 文档。"在离开那份工作 15 年后，德米特里试图上传一个记载有经过充分研究的基因序列的 Word 文档，但没有搜索出任何结果，也没有返回任何错误。那是十几年来的误导性结果，因为德米特里懒得校验输入的正确性。不要成为 20 岁的德米特里，他可能因此而破坏了治疗癌症的研究。

计算机硬件并不总值得信赖，网络和磁盘可能会损坏数据。如果你需要强大的耐久性保证，使用校验和的方式来检查数据没有意外的变化。

也不要忽视安全问题，外部输入是危险的。恶意用户可能试图在输入中注入代码或 SQL，或撑爆缓冲区以获得对你的应用程序的控制权限。使用成熟的类库和框架来防止跨站脚本攻击，总是强制转义输入的字符来防止 SQL 注入攻击。在使用 strcpy（特别是 strncpy）等命令操作内存时，明确地设置缓冲区的大小，以防止缓冲区溢出。使用广泛采用的安全与密码类库或协议，而不是自己去编写这样的类库或协议。熟悉开放式 Web 应用程序安全项目（open Web application security project，OWASP）的十大安全报告以快速建立你的安全知识体系。

4.1.5 善用异常

不要使用特殊的返回值来标识错误类型（如 null、0、-1 等）。所有的现代编程语言都支持异常或有标准的异常处理模式（例如 Go 的 error 类型），特殊值在方法签名中并不明显可见。开发者不会知道那些被返回的错误条件，也不知道这些错误需要被处理，同时也很难记住哪个返回值对应哪种故障状态。异常可以比 null 或 -1 携带更多的信息，它们可以被命名，并有堆栈跟踪、行号和错误消息。

例如，在 Python 中 ZeroDivisionError 返回的信息要比 None 返回的信息多得多，如代码清单 4-2 所示。

代码清单 4-2

```
Traceback (most recent call last):
  File "<stdin>", line 1, in <module>
ZeroDivisionError: integer division or modulo by zero
```

在许多语言中，需要检查的异常可以从方法签名中看到，如代码清单 4-3 所示。

代码清单 4-3

```
// Go 语言中 Open 方法会清晰地包含返回的错误类型
func Open(name string) (file *File, err error)

// Java 语言中 Open 方法会明确地抛出一个 IOException 异常
public void open (File file) throws IOException
```

Go 语言中的错误声明和 Java 语言中的异常声明都会清楚地标识出，开放方法可能会引发哪些需要被处理的错误。

4.1.6   异常要有精确含义

精确的异常使代码更容易使用。尽可能地使用内置的异常，避免创建通用的异常。使用异常处理来应对故障，而不是控制应用程序的运行逻辑。

大多数语言都有内置的异常类型(如 FileNotFoundException、AssertionError、NullPointerException 等)。如果一个内置的异常可以描述问题，就不要创建自定义的异常。开发人员有经验去处理现有的异常类型，他们会知道这些异常具体是什么意思。

当你创建自己的异常时，不要把它们弄得太通用。通用的异常很难处理，因为开发人员并不知道他们正面临什么样的具体问题。如果开发人员没有得到已发生错误的精确信息，他们就会迫使整个应用程序以失败结束，这将是一个重大的动作。对于你引发的异常类型的描述要尽可能具体，这样开发人员就能对程序失败做出适当的反应。

也不要在应用程序的运行逻辑中使用异常。你应该希望你的代码是不出人意料的，而不是聪明的。使用异常来跳出方法常常令人困惑，并且使代码难以调试。

代码清单 4-4 所示的是，该 **Python** 的样例使用 FoundNode-Exception 而不是直接返回找到的节点。

代码清单 4-4

```python
def find_node(start_node, search_name):
  for node in start_node.neighbors:
    if search_name in node.name:
      raise FoundNodeException(node)
    find_node(node, search_name)
```

不要这样做，直接返回节点即可。

4.1.7　早抛晚捕

遵循"早抛晚捕"的原则来处理异常。"早抛"意味着在尽可能接近错误的地方引发异常,这样开发人员就能迅速地定位相关的代码。等待抛出异常会使我们更难找到错误实际发生的位置。当一个错误发生之后,却在抛出异常之前执行了其他代码,你就有可能触发第二个错误。如果第二个错误抛出了异常,你就不知道第一个错误其实已经发生了。跟踪这类错误是令人"抓狂"的——你修复了一个 bug,却发现真正的问题出在上游。

"晚捕"意味着在调用的堆栈上传播这个异常,直到你到达能够处理异常的程序的层级。假想一个应用程序试图向一个已满的磁盘写入数据,下一步操作有许多可能性:阻塞和重试,异步重试,写入另一块不同的磁盘,提醒用户甚至程序崩溃。适当的反应取决于该应用程序的具体情况。一个数据库的预写日志必须被写入,而一个文字处理程序的后台可以延迟保存。能够在上述选择中做出决定的代码段很可能与遇到磁盘已满情况的底层类库中间相差了好几层,所有的中间层都需要将异常向上传播,而不是试图过早地进行补救处理。最糟糕的过早补救是"吞下"一个你无法处理的异常,这通常表现为 catch 代码块会自行忽略它,如代码清单 4-5 所示。

代码清单 4-5

```
try {
  // ...
} catch (Exception e) {
  // 无视这个异常,因为我对它什么也做不了
}
```

代码清单 4-5 所示的异常不会被记录或者重新抛出,也不会触发任何其他的行动,它被完全忽略了。程序失败会被隐藏起来,它可能会造成灾难性的后果。当调用可能抛出异常的代码时,要

么完全地处理它们，要么将它们在堆栈中进行传播。

4.1.8 智能重试

面对一个错误时，适当反应往往是简单地再试一次就好。在调用远程系统时，正常的计划就应该是偶尔要多尝试几次。重试一个操作听起来很简单：捕捉异常并重试该操作。但在实践中，决定何时重试以及重试的频率都需要一些技巧。

最单纯的重试方法是捕捉到一个异常马上就进行重试。但如果重试的操作再次失败了怎么办？如果一个磁盘空间耗尽，它很可能在 10 毫秒后仍然没有剩余可用的空间，再来 10 毫秒也是如此。一遍又一遍单纯地重试会使事情处理变慢，也会使系统更难以恢复。

谨慎的做法是使用一种叫作"退避"（backoff）的策略。退避会非线性地增加休眠时间（通常使用指数退避，如 (retry number)^2）。如果你使用这种方法，请确保将退避时间限定在某个最大值内，这样它就不会变得太大。然而，如果一个网络服务器发生了一起突发事件，而且所有的客户端也都同时经历了这起突发事件，那么就用同样的方法进行退避。他们都会在同一时间重新发出请求，这被称为"惊群效应"。许多客户端同时发出重试请求，这会使正在恢复的服务器重新关停。为了处理这个问题，可以在退避策略中加入抖动。有了抖动，客户端就会给退避增加一个随机的、有限制的时间。引入随机性可以分散请求，降低发生"踩踏"的可能性。

不要盲目地重试所有失败的调用，尤其是那些写入数据或可能触发一些业务流程的调用。最好是让应用程序在遇到其在设计时没有预想到的错误时崩溃，这被称为"快速失败"。如果你引入了快速失败的机制，就不会造成进一步的损害，而且人们还可以找出正确的行动方案。确保不仅要快速地，而且还要显式地失败。相关的信息应该可见，这样调试起来就较容易。

4.1.9 构建幂等系统

在故障发生之后，系统处于什么状态并不总显而易见。如果在进行远程写入请求时网络发生故障，那么在故障发生前请求是否成功了？这就使你陷入了两难困境：你是选择重试并冒重复写入请求的风险，还是选择放弃并冒丢失数据的风险？在一个计费系统中，重试操作可能会向客户加倍收费，而不重试可能意味着根本不向他们收费。有时你可以通过读取远程系统来检查，但并不总是生效。本地状态的突变也会出现类似的问题。非事务性的内存数据结构的突变会使你的系统处于不一致的状态。

处理重试的最好方法是构建幂等系统。一个幂等的操作是可以被进行多次并且仍然产生相同结果的操作。将一个值添加到一个集合中就是一个幂等操作。无论该值被添加了多少次，只要它被添加过，它就在集合中存在。通过允许客户端单独为每个请求提供一个唯一 ID 的方式，远程 API 就可以变为幂等 API。当客户端重试时，它提供的唯一 ID 与失败时的相同。如果该请求已经被处理过了，服务器可以移除重复的请求。让你的所有操作都成为幂等操作，这可大大简化系统的交互，同时也可消除一大类潜在的错误。

4.1.10 及时释放资源

当故障发生后，要确保清理所有的资源，释放你不再需要的内存、数据结构、网络套接字和文件句柄。操作系统对文件句柄和网络套接字有一段固定的预留空间，一旦超过了，所有新的句柄和套接字都无法打开。所谓网络套接字泄露，是指在使用后没有关闭它们。网络套接字泄露会使无用的连接一直存在，从而填满连接池。代码清单 4-6 所示的代码片段就很危险。

代码清单 4-6

```
f = open('foo.txt', 'w')
# ...
f.close()
```

在 `f.close()` 之前发生的任何故障将阻止关闭文件指针。如果你的编程语言不支持自动关闭，请将你的代码包裹在一个 `try/ finally` 代码块中，这样即使发生了异常也能安全地关闭文件句柄。

许多现代语言都有自动关闭资源的特性。Rust 会在对象离开范围时调用一个析构方法来自动关闭资源；Python 的 `with` 语句会在调用路径离开代码块时自动关闭句柄，如代码清单 4-7 所示。

代码清单 4-7

```
with open('foo.txt') as f:
  # ...
```

4.2　关于日志的使用

当你在终端上第一次写出 "Hello, world!" 时，你就是在输出日志。输出日志信息对理解代码或调试一个小程序来说既简单又方便。对于复杂的应用程序，编程语言有精良的日志类库，让运维人员对要记录的内容和时间有更多的控制。运维人员可以通过修改日志级别来调节输出日志的总量，并控制日志格式。日志框架还可以注入上下文信息，诸如线程名、主机名、ID，你可以在调试的时候使用这些信息。日志框架与日志管理系统可以很好地配合，这种系统可以聚集日志信息，所以运维人员可以过滤并搜索它们。

使用一个日志框架可以让你的代码更容易操作和调试；设置日志级别可以使运维人员能够控制你的应用程序的日志量。保持日志的原子性、快速性和安全性。

4.2.1 给日志分级

日志框架设有日志级别，它可以让运维人员根据重要性过滤消息。当运维人员设置了某个日志级别后，所有处于该级别或高于该级别的日志都会被发出来，而低于该级别的日志则会被过滤掉。日志级别通常可以通过全局配置和对包或类级别的覆写来控制。日志级别可以让运维人员根据特定的情况来调整日志量，从极其详细的调试日志到正常操作的稳定的背景常规输出。

例如，代码清单 4-8 是一段 Java 的 log4j.properties 片段，它为来自 com.foo.bar 包空间的日志定义了一个 ERROR 级别的根日志配置和一个 INFO 级别的特定包的日志配置。

代码清单 4-8

```
# 将根日志配置为 ERROR 级别，并使用别名为 fout 的文件追加
  方式进行输出
log4j.rootLogger=ERROR,fout

# 将 com.foo.bar 包的日志配置为 INFO 级别
log4j.logger.com.foo.bar=INFO
```

你必须为每条日志消息提供一个适当的严重程度，这样日志级别才有用。虽然日志级别并没有完全统一的标准，但下面的分级很常见。

TRACE：这是一个极其精细的日志级别，只对特定的包或类开放，在开发阶段之外很少使用这个级别。如果你需要逐行的日志或数据结构临时信息，那么可以使用这个级别。如果你发现自己经常使用 TRACE，那你应该考虑用一个调试器来代替它去检查代码。

DEBUG：这个日志级别多用于那些只在调查产品出故障时有用，但在正常操作中没有用的日志。如果输出了很多这个级别的日志，可以将这些日志调整到 TRACE 级别。

INFO：这个日志级别一般用于输出应用程序运转良好的日

志，不应该用于输出任何问题的指示。像"服务开始"和"在端口 5050 上监听"这样的应用程序的状态信息可以应用这个日志级别。INFO 是默认的日志级别。不要用 INFO 级别发出无意义的日志，"以防万一"类的日志应该放在 TRACE 或 DEBUG 中。INFO 级别的日志应该在正常操作中告诉我们一些有用的信息。

WARN：这个日志级别一般用于提示那些潜在问题。一个资源已经接近其容量上限，就应该是一个 WARN。每当你记录一个 WARN 时，应该对应一个你希望看到这个日志的人去采取的具体行动。如果这个 WARN 没有可操作性，就应该把它记录到 INFO 级别。

ERROR：这个日志级别表明正在发生需要注意的错误。一个无法写入的数据库通常需要一个 ERROR 日志。ERROR 日志应该足够详细，以便诊断问题。记录明确的细节，包括相关的堆栈信息和软件正在执行的操作。

FATAL：这属于"最后一搏"类型的日志信息。如果程序遇到非常严重的情况，必须立即退出，就可以在 FATAL 级别上记录关于问题原因的信息。应包括该程序状态的上下文内容，恢复或诊断相关数据的位置也应该被记录下来。

代码清单 4-9 所示为一个用 Rust 语言发出的 INFO 级别日志。

代码清单 4-9

```
info!("Failed request: {}, retrying", e);
```

这行日志包括导致请求失败的错误信息。使用 INFO 级别是因为应用程序会自动重试，并不需要运维人员去操作。

4.2.2 日志的原子性

如果某些信息只有在与其他数据配合时才有用，那么就应该把所有相关内容"原子化地"记录到一条消息中。所谓原子日志，就是指在一行消息中包含所有相关的信息。原子日志与日志聚合器搭配使用更方便。不要假设日志会按照特定的顺序被看到，许多操作工具会重新排序，甚至弃用一些消息。不要依赖系统的时间戳来排序，系统时钟可能被重置或来自不同的主机，从而造成日志信息难以理解。避免在日志信息中使用折行，许多日志聚合器会把每一个新行当作一串单独的消息。要特别确保堆栈跟踪被记录在一条消息中，因为它们在输出时经常包含折行。

代码清单 4-10 所示为一个非原子性日志消息的例子。

代码清单 4-10

```
2022-03-19 12:18:32,320 - appLog - WARNING - 请求失败:
2022-03-19 12:18:32,348 - appLog - INFO - 用户登入: 986
无法从管道中读取内容。
2022-03-19 12:18:32,485 - appLog - INFO - 用户登出: 986
```

如果在 WARNING 日志的参数中出现了一个折行，就会使得这段日志很难阅读。WARNING 日志的后续行将会没有时间戳，并且还会与来自另一个线程的其他 INFO 日志混在一起。WARNING 日志应该被"原子化地"写成一行。

如果日志信息不能以原子化的方式输出，可以在消息中放置唯一的 ID，这样日志信息就可以在后续的处理中被拼接起来。

4.2.3 关注日志性能

过度的日志记录会损害性能。日志必须被写入像磁盘、控制台或者某个远程系统这样的地方。在写入日志前，要记得处理好字符串的拼接和格式化。用参数化的日志输入及异步附加器来保持快速记录日志。

你会发现字符串的拼接效率非常低，在性能敏感的循环中甚至可能产生"毁灭性"的影响。当一个串联的字符串被传递到一个日志方法中时，无论其详细程度如何，拼接都会发生，因为参数在被传递到方法之前就已经被求值了。日志框架提供了延迟字符串拼接的机制，直到字符串需要被实际拼接在一起时才会真正执行。一些框架将日志信息强制转化为闭包，除非日志行被调用，否则不会被求值，而其他框架则为字符串提供参数化的支持。

例如，在 Java 中有 3 种在日志调用时拼接字符串的方法，其中两种在调用 trace 方法之前就会完成字符串参数的拼接，如代码清单 4-11 所示。

代码清单 4-11

```
while(messages.size() > 0) {
  Message m = message.poll();

  // 该字符串即便在 trace 方法未被激活时也会被拼接起来
  log.trace("got message: " + m);

  // 该字符串在 trace 方法未被激活时也会被拼接起来
  log.trace("got message: {}".format(m));

  // 该字符串只有在 trace 方法被激活的时候才会拼接在一起。
  // 这样更快
  log.trace("got message: {}", m);
}
```

最后的例子调用了一个参数化的字符串，只有当日志行被实际写入时才会被求值。

你也可以使用附加器来管理性能影响。附加器可以将日志发送到不同的位置：控制台、文件或远程日志聚合器。默认的日志附加器通常在调用者的线程中操作，与调用 print 的方式相同。异步附加器在写日志信息时不会阻塞执行线程，这提高了性能，因为应用程序代码不需要等待日志被写入之后再执行。分批写入式附加器在日志被写入磁盘之前会在内存中缓冲日志信息，从而提高写入吞吐量。操作系统的分页缓存也可以通过充当缓冲器的方式来提高日志的吞吐量。虽然异步附加器和分批写入附加器提高了性能，但如果应用程序崩溃，它们也可能会丢失日志信息，因为并不是所有的日志都能保证被释放到磁盘上。

请注意，改变日志的冗余度和配置可以消除竞争条件和 bug，因为它降低了应用程序的速度。如果你启用冗余的日志等级来调试一个问题，并发现一个 bug 消失了，日志等级的变化本身可能就是原因。

4.2.4　不要记录敏感数据

处理敏感数据时要万分小心。日志信息不应该包括任何私人数据，如密码、安全令牌、信用卡号码或电子邮件地址。这似乎是显而易见的，却很容易出问题，比如简单地记录一个 URL 或 HTTP 响应，就可能暴露出日志聚合器未设置为保护状态。大多数框架支持基于规则的字符串替换和编辑，要配置它们，但不要依赖它们作为你的唯一防护手段。要有较真的精神，因为记录敏感数据会产生安全风险并违反隐私法规。

4.3　系统监控

用各种系统指标来监控你的应用程序，看看它在做什么。系统指标相当于日志的数值，它们能反映出应用程序的行为。一个查询花了多长时间？一个队列里有多少个元素？有多少数据被写入磁盘？监控应用程序的行为有益于发现问题，对调试很有用。

有 3 种常见的系统指标类型：计数器、仪表盘和直方图。这些类型的名称在不同的监控系统中很相似，但并不完全一致。计数器测量的是某个事件发生的次数，通过使用计数器获得缓存命中数和请求总数，你就可以计算出缓存命中率。计数器只在进程重新启动时增加数值或被重置为 0（它们是单向递增的）。仪表盘是一个基于时间点的测量值，它既可以上升又可以下降。想一想汽车上的速度表或油量表。仪表盘揭示了诸如队列大小、堆栈长短或 map 中键值对的总数等统计数据。直方图根据事件的大小幅度分成不同的范围。每一个范围都会有一个计数器，每当某事件的值落入其范围时，计数器就会递增。直方图通常用来测量请求所需的时间或数据有效负载的长度。

系统性能通常以阈值百分比的形式来衡量，例如，从 0%到 99%，被称为 P99。一个所谓 P99 耗时 2 毫秒级别的系统需要 2 毫秒或更少的时间来响应它所收到的 99%的请求。百分数是由直方图得出的。为了减少需要跟踪的数据，一些系统会要求你去配置你真正关心的响应比例。如果一个系统默认跟踪 P95，但你有一个 P99 的服务等级目标（service level objective，SLO），确保可以修改相应的系统设置。

应用程序的系统指标可以被汇总到一个集中式可视化系统中，如 Datadog、LogicMonitor 或 Prometheus。可视化是控制论中的一个概念，即通过观察一个系统的输出结果来确定其状态的难易程度。可视化系统可以在聚合指标之上提供面板和监控工具，这样可以更容易确定一个正在运行的应用程序的状态。面板向运维人员展示了系统中正在发生的事情，而监控工具则可以根据指标值触发警告。

系统指标也被用来自动地进行系统扩容或缩容。系统资源的自动伸缩在提供动态资源分配的环境中很常见。例如，云主机可以通过监测负载指标来自动调整运行实例的数量。自动伸缩在需求增加时扩充服务器容量，并在以后减少冗余资源以节省资金。

为了跟踪 SLO，你可以使用可视化系统，同时也要利用自动伸缩的特性，所以你必须监控一切。使用标准的系统指标库来跟踪这些值，大多数应用程序框架都会提供这些系统指标。作为一名开发者，你的工作是确保重要的指标可以被可视化系统收集与呈现。

4.3.1　使用标准的监控组件

虽然计数器、仪表盘和直方图都很容易实现，但不要推出你自己的系统指标库。非标准库是"维护噩梦"，标准库可以与其他一切"开箱即用"的东西集成。你的公司可能有一个他们更中意的系统指标库，如果他们有的话，就使用现有的；如果他们没有，可以开始讨论选择采用某一个。

大多数可视化系统提供了一系列语言的系统指标的客户端。我们将在一个简单的 Python 网络应用程序中使用 StatsD 客户端来展示系统指标库的例子。系统指标的标准库看起来都很相似，所以我们的例子应该几乎可以逐字地翻译成你使用的任何库。

代码清单 4-12 中的 Python 网络应用程序有 4 个方法：set、get、unset 和 dump。set 和 get 方法简单地设置和检索存储在服务中的 map 的值，unset 方法从 map 中删除键值对，dump 对 map 进行 JSON 编码并返回。

代码清单 4-12　在 Python Flask 中使用 StatsD 客户端系统指标库的例子

```python
import json
from flask import Flask, jsonify
from statsd import StatsClient

app = Flask(__name__)
statsd = StatsClient()
map = {}

@app.route('/set/<k>/<v>')
def set(k, v):
    """ 设置一个键的值，当该键有值时就覆盖原有的值。 """
    map[k] = v
    statsd.gauge('map_size', len(map))

@app.route('/get/<k>')
def get(k):
    """ 当某个键有值时，返回该键的值。否则，就返回 None。 """
    try:
        v = map[k]
```

```
            statsd.incr('key_hit')

            return v
        except KeyError as e:
            statsd.incr('key_miss')
        return None

@app.route('/unset/<k>')
def unset(k):
    """ 删掉某键的值。如果该键不存在，就什么都不做。 """
    map.pop(k, None)
    statsd.gauge('map_size', len(map))

@app.route('/dump')
def dump():
    """ 将该 map 编码成 JSON 字符串，并返回该字符串。 """
    with statsd.timer('map_json_encode_time'):
        return jsonify(map)
```

这个例子使用计数器 key_hit 和 key_miss 来跟踪 statsd.incr 内部匹配成功和失败的情况。计时器（代码清单 4-12 中的 statsd.timer）记录将 map 编码成 JSON 所需的时间，这将被添加到时间直方图中。序列化是一个昂贵的、CPU 密集型的操作，所以它花费的时间应该被记录下来。仪表盘（代码清单 4-12 中的 statsd.gauge）测量 map 的当前大小。我们可以使用计数器上的递增和递减方法来跟踪 map 大小的变化，但只使用这个仪表盘不容易出错。

像 Flask 这样的 Web 应用框架通常会为你计算很多系统指标。他们大多数会计算 Web 服务中每个方法被调用时发生的所有 HTTP 状态码，并为所有的 HTTP 请求计时。使用框架自带的系统指标库是一个免费获得大量系统指标的好方法，因为你只需配置框架，然后把结果输出到你的可视化系统中。另外，你的代码也会更干净，因为所有指标的计算都发生在底层。

4.3.2 测量一切

监测的性能开销很低，你应该广泛地使用这些监测数据。监测以下所有的数据结构、操作和行为：

- 资源池；
- 缓存；
- 数据结构；
- CPU 密集型操作；
- I/O 密集型操作；
- 数据大小；
- 异常和错误；
- 远程请求和响应。

使用仪表盘来监测资源池的大小，要特别注意线程池和连接池。资源池使用过大表明系统此刻的响应很卡顿或无法跟上需求速度。

计算高速缓存的命中数和失误数，两者比率的变化会影响应用程序的性能。

用仪表盘监测关键数据结构的大小，数据结构大小的异样表明正在发生一些奇怪的事情。

为 CPU 密集型操作计时。要特别注意数据的序列化操作，它的性能开销高得令人吃惊。一个简单的数据结构的 JSON-encode 往往是代码中开销最高的操作。

磁盘和网络 I/O 操作是缓慢和不可预知的，使用计时器来监测它们所需的时间。监测你的代码所处理的数据的大小，跟踪远程过程调用（remote procedure call，RPC）有效载荷的大小变化。可以使用直方图（类似于计时器）去表现 I/O 产生的数据的大小，这样你就可以看到 P99 的性能指标了。大体量的数据对内存占用、I/O 速度和磁盘使用都有影响。

计算异常、错误响应代码和不良输入的次数，监测错误的出现频率可以在出错时很容易触发警报。

监测任何提交至你的应用程序的请求，高到不正常或低到不正常的请求数都是信号，表明有什么地方不对劲儿。用户希望你的系统能够快速响应，所以你需要监测系统延迟的程度。对所有的响应进行计时，以便你知道你的系统什么时候会变慢。

花点儿时间了解你的系统指标库是如何工作的。某个类库如何计算一个指标并不总是显而易见的，因为许多类库会对测量进行抽样。抽样可以保持快速的性能，减少磁盘和内存的使用，但它也会使测量的准确性降低。

4.4 跟踪器

开发人员都知道堆栈跟踪，但此外还有一种他们不太熟悉的类型：分布式调用跟踪。对上游 API 的一次调用可能会导致对下游的数百次不同服务的 RPC 调用。分布式调用跟踪将所有这些下游调用连接成一个图。分布式跟踪对于调试错误、监测性能、理解依赖关系和分析系统成本（哪些 API 的服务成本最高、哪些消费者线程成本最高等）都很有用。

RPC 客户端会使用一个跟踪库，在他们的请求上附加一个调用跟踪 ID。下游服务的后续 RPC 调用也会附加同样的调用跟踪 ID。这些服务随后报告他们收到的调用请求，以及调用跟踪 ID 和其他数据，诸如元数据标签和处理时间。会有一个专门的系统记录所有这些报告，并通过调用跟踪 ID 将这些调用跟踪拼接起来。有了这些信息，跟踪系统就可以呈现出完整的分布式调用图。

调用跟踪 ID 通常通过 RPC 客户端包装器和服务网格自动为你传播，用来验证你在调用其他服务时是否传播了任何需要的状态。

4.5 配置相关注意事项

应用程序和服务应该暴露出配置信息，并允许开发人员或网

站稳定性工程师（site reliability engineers，SRE）配置运行时的行
为。应用配置的最佳实践将使你的代码更容易运行。不要太有创
意，要使用标准的配置格式，提供合理的默认值，校验配置的输
入值，并尽可能地避免动态配置。

配置可以用许多方式来表达：

- 普通的、对人友好的格式的文件，如 INI、JSON 或 YAML；
- 环境变量；
- 命令行参数；
- 定制的领域特定语言（DSL）；
- 应用程序所使用的语言。

对人友好的配置文件、环境变量和命令行参数是最常见的方
法。当有很多参数需要配置或者希望对配置进行版本控制时，就
会使用配置文件这种方式；环境变量很容易在脚本中设置，而且
检查和记录环境变量都很容易；命令行参数很容易设置，并且在
ps 等进程列表中可见。

当配置需要可编程的逻辑时，如 for 循环或 if 判断，DSL
很有帮助。基于 DSL 的配置通常针对的是用 DSL（如 Scala）编
写的应用程序。使用 DSL 而不是完整的编程语言，作者就可以为
复杂的操作提供便利，并将配置限制在安全的值和类型上，这对
安全和启动性能是一个重要的考虑。但是，DSL 很难使用标准工
具进行解析，这使得它与其他工具很难相互操作。

用程序的语言来处理配置，这通常发生在程序是用 Python 这
样的脚本语言来编写的时候。使用代码来生成配置的方式虽然很
强大，但也很危险。可定制的逻辑会掩盖应用程序所见到的配置。

4.5.1 配置无须新花样

配置系统应该有固定的方式。某个在凌晨 3 点被叫起来的运
维人员不应该需要记住 Tcl 语法来改变某个超时的值。

针对配置系统进行创新是很诱人的。配置对大家来说都很常

见，简单的配置系统似乎缺少有用的特性，诸如变量替换、if 语句等。许多有创意的好心人花了大量的时间来制作花哨的配置系统，可悲的是，配置方案越聪明，bug 就越奇怪。不要在配置上搞新花样，而应该使用最简单、有效的方法。理想状态应该是单一标准格式的静态配置文件。

大多数应用程序是通过一个静态的配置文件来进行配置的，在应用程序运行时改变该文件不会影响到应用程序。要想让变更的配置生效，往往需要重新启动应用程序。当某个应用程序需要重新配置但不能重启时，就会用到动态配置系统。动态配置通常存储在一个专门的配置服务中，当某些值发生变化时，配置服务应该被轮询或主动推送。或者，动态配置是通过定期检查本地配置文件的更新来刷新自己的。

通常动态配置带来的收益往往比不上它引入的复杂性，你需要仔细考虑运行过程中因为各种配置变化而产生的所有影响。它还会使你更难跟踪哪项配置被改变了，谁改变了它，以及它的值是什么，这些信息在调试运维问题时可能是至关重要的。它还会增加对其他分布式系统的外部依赖性。这听起来很简单，但重新启动一个进程来获取新的配置通常在操作上和架构上都更好一些。

不过，有一些常见的情况确实需要动态配置，如日志的分级经常是动态配置，当有奇怪的事情发生时，运维人员可以将日志级别改为更高的配置，如 DEBUG。当某个进程出现奇怪的行为时，重新启动这个进程可能会改变你要观察的那个奇怪行为。改动某个正在运行的进程的日志级别，可以让你在不重新启动的情况下对它的行为一探究竟。

4.5.2　记录并校验所有的配置

在程序启动时立即记录所有（非秘密的）配置，以显示应用程序正在获取哪些值。开发人员和运维人员偶尔会误解一个配置文件应该放在哪里，或者多个配置文件是如何合并的。记录配置的值可以向用户显示应用程序是否获取了预期的配置。

始终在加载配置的值时对其进行校验。只做一次校验，并且尽可能早地进行（就在配置加载完之后）。确保配置的值都被设置成了适当的类型，例如端口应该为整数，并检查这些值是否有逻辑意义，比如检查边界、字符串长度、有效的枚举值等。−200 是一个整数，但不是一个有效的端口。利用拥有强大数据类型的配置系统来表现可接受的配置值。

4.5.3 提供默认值

如果用户不得不配置大量的参数，你的系统将很难运行起来。提供良好的默认值，这样你的应用程序对大多数用户来说开箱即用。如果没有配置端口，应该默认大于 1024 的网络端口，因为更小的端口会受到限制。如果没有指定目录路径，那么就使用系统的临时目录或用户的主目录。

4.5.4 给配置分组

应用程序配置很容易变得难以管理，特别是不支持嵌套语法的键值格式。可以使用像 YAML 这样允许嵌套的标准格式。将相关属性分组，这样就更容易组织和维护配置信息。

将紧密耦合的参数（如超时时间和单位）组合在一个结构中，这样它们的关系就很清楚了，并迫使运维人员原子化地声明这些值。与其定义 timeout_duration=10 和 timeout_units=second，不如使用 timeout=10s 或 timeout: { duration: 10, units = second }。

4.5.5 将配置视为代码

配置即代码（configuration as code，CAC）的哲学认为，配置应该受到与代码同样严格的要求。配置错误可能是灾难性的，一个错误的整数或缺失的参数就可以毁掉一个应用程序。

为了保证配置变化的安全，配置应该被版本控制、评审、测试、构建和发布。将配置保存在像 Git 这样的 VCS 中，这样你就有了变更的历史。应该像评审代码一样评审配置的变化，验证配置的格式是否正确、是否符合预期的类型和配置的值是否在理论范围内，构建和发布配置包。我们将在第 8 章介绍更多关于配置交付的内容。

4.5.6 保持配置文件清爽

干净、清爽的配置对其他人来说更容易理解和改变。删除不使用的配置，使用标准的格式和间距，不要盲目地从其他文件中复制配置（一个被称为船货崇拜的例子：在没有真正理解它们的作用或原理的情况下就复制东西）。当你处于快速迭代的阶段，很难维护整洁的配置，但错误的配置会导致生产环境的被迫中断。

4.5.7 不要编辑已经部署的配置

避免在特定的某台计算机上手动编辑配置。配置的一次性修改会在随后的部署中被覆盖，不清楚是谁做的修改，而且配置相似的计算机最终会出现分歧。

就像保持配置文件的清爽一样，在生产环境中抵御手动编辑配置文件的诱惑非常困难，而且在某些情况下是不可避免的。如果你在生产事故中手动编辑配置，请确保所做的更改随后会被提交到真正的源（如 VCS）。

4.6 工具集

可维护的系统通常会带有可以帮助运维人员去运行应用程序的工具。运维人员可能需要批量地加载数据、运行恢复、重置数据库状态、触发集群选举，或将分区分配从一台计算机转到另一台计算机。系统应该配备工具，帮助运维人员处理常见的操作。

编写工具是协作性的。在某些情况下，你将被期望编写和提供运维工具。拥有强大的 SRE 团队的组织也可能为你的系统编写工具。不管怎么样，与你的运维团队合作，了解他们需要什么。

　　SRE 通常会喜欢基于命令行界面（command line interface，CLI）的工具和自描述的 API，因为它们很容易脚本化，脚本化的工具很容易实现自动化。如果你打算构建一个基于用户界面的工具，那就把逻辑抽象成一个共享库或服务，这样基于 CLI 的工具也可以使用。把你的系统工具当作代码一样对待：遵循干净整洁的编码规范，并进行严格的测试。

　　你的公司可能已经拥有了一个现成的工具集，例如，拥有一个标准的内部网络工具框架是很常见的。将你的工具集成到你可用的标准框架之上，寻找单一的"玻璃窗"（即统一的管理控制台）。拥有统一管理控制台的公司会期望所有的工具都能与之集成。如果你的公司已经拥有基于 CLI 的工具，问问将你的工具与之整合是否有价值。每个人都习惯于现有的工具界面，与它们集成将使你的工具更容易使用。

亚马逊让互联网崩溃

　　2017 年 2 月 28 日，当克里斯发现视频会议软件 Zoom 停止工作时，他正在办公室的一间会议室里。没有多想，几分钟后他回到办公桌前。然后他注意到，几个主要的网站都表现得很奇怪。这时，他从运维团队那里听说，亚马逊网络服务（Amazon web service，AWS）的 S3 存储系统出现了问题。许多大型网站都依赖于亚马逊，而亚马逊在很大程度上依赖于 S3。这影响了差不多整个互联网。Twitter 上开始充斥着"我猜今天不宜出行"和"该回家了"这样的言论。

　　亚马逊最终发布了一份说明，描述当时发生的情况。一个运维团队正在调查一个计费子系统。一名工程师执行了一条命令，从 S3 计费池中删除少量计算机。该工程师设置节点数参数时"手滑了"（打错了字）。从节点池中删除的计算机要比预期的多得多，这引发了其他几个关键子系统的全面重启。最终，这导致了一个多小时的故障，影响了许多其他大型公司。

亚马逊的说明很简短却暴露了真相。"由于这起运维事故，我们正在进行一些改变。虽然在实操中删除容量是一个关键操作，但在这个例子中，我们使用的工具允许过多的容量被快速删除。我们已经修改了这个工具，这样可以更缓慢地删除容量，并增加了保障措施，以防止从低于容量最低限度的子系统中删除容量。这将防止一个不正确的输入在未来引发类似的事情。我们也正在评估我们的其他运维工具，以确保我们有类似的安全检查。"

4.7　行为准则

需要做的	不应该做的
➤ 宁愿编译出错，也不要运行出错	➤ 在程序逻辑中应用异常
➤ 尽可能使事情不可变	➤ 在异常处理中只返回错误码
➤ 校验输入和输出	➤ 捕获你无法处理的异常
➤ 去学习 OWASP 的十大报告	➤ 写入带折行的日志
➤ 使用 bug 检查工具和类型提示的特性	➤ 在日志中记载秘密或敏感的数据
➤ 在异常之后清理资源（尤其是端口、文件指针和内存）	➤ 单独在某台计算机上手动修改配置
➤ 使用系统指标来监控你的代码	➤ 在配置文件中存储密码或者秘密信息
➤ 让你的程序可以配置	➤ 写定制化的配置格式
➤ 检验和记录所有的配置	➤ 在可以避免的情况下使用动态配置

4.8　升级加油站

专门阐述可维护代码的书不多。相反，这些主题出现在许多软件工程类图书的章节中。史蒂夫·麦康奈尔的《代码大全：软件构造之实践指南》（*Code Complete: A Practical Handbook of Software Construction*，已由电子工业出版社于 2006 年引进出版）第 8 章涉及防御性编程。罗伯特·C. 马丁的《代码整洁之道》（*Clean Code: A Handbook of Agile Software Craftsmanship*，已由人民邮电出版社于 2020 年引进出版）第 7 章和第 8 章涉及错误处理和边界。这些都是方便着手的好地方。

网络上也有很多关于防御性编程、异常、日志、配置和工具的文章。亚马逊构建者库是一个特别实用的资源（可以在亚马逊构建者的主页查看更多实用内容）。

谷歌 SRE 小组的《Google 系统架构解密：构建安全可靠的系统》（*Building Secure & Reliable Systems : Best Practices for Designing, Implementing, and Maintaining Systems*，已由人民邮电出版社于 2021 年引进出版）是一个合理建议的宝库，特别是从安全的角度来看。谷歌的《SRE：Google 运维解密》（*Site Reliability Engineering: How Google Runs Production Systems*，已由电子工业出版社于 2016 年引进出版）是所有与网站可靠性有关的典范之作。虽然这本书不太专注于编写可维护的代码，但它仍然是一本必读书。它将让你看到运行生产级别软件的复杂世界。

第 5 章

依赖管理

2016 年 3 月，当一个名为 left-pad 的软件包消失后，成千上万的 JavaScript 项目开始无法编译。left-pad 是一个具有单一方法的类库，它只是简单地将一个字符串的左侧填充到某个特定的宽度。几个基础的 JavaScript 底层库都依赖于 left-pad。同时，许多项目又依赖于这些底层库。由于传递依赖管理具有病毒传播的性质，所以成千上万的开源和商业代码库也都依赖于这个相当微不足道的类库。当这个包被从 NPM（JavaScript 的 node package manager，包管理器）中移除时，很多程序员体会到了"世道艰辛"。

在现有的代码上增加一个依赖似乎是一个简单的决定。"不要重复自己"（Don't repeat yourself，DRY）是一个通常被教导的原则。为什么我们都要写自己的 left-pad？数据库驱动程序、应用程序框架、机器学习包，有许多例子表明你不应该从头开始写某个类库。但依赖关系带来了风险：不兼容的变化、循环依赖、版本冲突和缺乏控制。你必须考虑这些风险以及如何规避它们。

在这一章中，我们将介绍依赖管理的基础知识，并谈论几乎每个工程师的"噩梦"：相依性"地狱"。

5.1 依赖管理基础知识

在我们谈论问题和最佳实践之前，我们必须向你介绍常见的相依性和版本控制概念。

相依性是指你的代码所依赖的代码。在编译、测试或运行期间，所有需要依赖关系的时间周期被称为依赖范围。

依赖关系是在软件包管理或构建文件中声明的：Java 的 Gradle 或 Maven 配置，Python 的 `setup.py` 或 `requirements.txt`，以及 JavaScript 的 NPM 所使用的 `package.json`。代码清单 5-1 所示的是一个 Java 项目的 `build.gradle` 文件的片段。

代码清单 5-1

```
dependencies {
    compile 'org.apache.httpcomponents:httpclient:4.3.6'
    compile 'org.slf4j:slf4j-api:1.7.2'
}
```

该项目依赖于 `4.3.6` 版的 HTTP 客户端类库和 `1.7.2` 版的 SLF4J 应用程序接口（application program interface，API）库。每个依赖项都被声明了一个范围，即 `compile`，这意味着编译代码时需要这些依赖项。每个包都有一个定义的版本，`httpclient` 为 `4.3.6`，`slf4j` 为 `1.7.2`。版本包被用来控制依赖关系的变化，并在同一个包的不同版本出现时解决冲突（后面会详细介绍）。

一个好的版本管理方案，其版本都具有以下特点。

- **唯一性（unique）**：版本不应该被重复使用。构件会被分发、缓存，并被自动化工作流拉取。永远不要在现有版本下重新发布更改的代码。
- **可比性（comparable）**：版本应该帮助人们和工具对版本的优先顺序进行推断。当一个构建依赖于同一构件的多个版本时，可以使用优先顺序来解决冲突。

- **信息性（informative）**：版本信息区分了预先发布的代码和已发布的代码，将构建流水号与构件相关联，并设置了稳定性和兼容性的合理预期。

Git 的哈希值或"营销相关"的版本，如 Android 操作系统的甜点系列[①]（Android Cupcake、Android Froyo）或 Ubuntu 的动物园[②]（Trusty Tahr、Disco Dingo）都具有唯一性的特点，但它们没有可比性或信息性。类似地，一个递增的版本号（1、2、3）既是唯一的，也是可比较的，但其携带的信息量并不大。

5.1.1 语义化版本

前面例子中的软件包使用了一种叫作语义版本管理（semantic versioning，SemVer）的版本管理方案，这是版本管理中最常用的方案之一。官方的 SemVer 规范可在其网站中找到。该规范定义了 3 个数字：主版本号、次版本号和补丁版本号（有时也称作微版本号）。这 3 个数字被合并为"主版本号.次版本号.补丁版本号"的版本号格式。`httpclient` 版本 `4.3.6` 意味着主版本号、次版本号和补丁版本号分别为 4、3、6。

语义化版本同时具有唯一性、可比性、信息性。每个版本号只使用一次，可以通过从左到右进行比较（2.13.7 在 2.14.1 之前）。它们提供不同版本之间的兼容性信息，并且可以选择对候选版本或构建流水号进行编码。

[①] Android 系列从 1.5 版本开始以甜点来命名版本，最初只是谷歌程序员的小玩笑，后成为官方命名规则，比如正文中的纸杯蛋糕（Cupcake）和冻酸奶（Froyo）。从 2019 年开始谷歌公司就不再使用甜点作为 Android 的正式名称，最后一版是 2018 年发布的 Android 9 馅饼（Pie）。但是依然使用甜点系列作为内部代号，如 Android 12 刨冰（Snow Cone）、Android 13 提拉米苏（Tiramisu）。据称下一代 Android 14 的内部代号为翻转蛋糕（Upside Down Cake）。

[②] Ubuntu 从 6.06 版本开始就采用"形容词+动物名称"的方式来命名。比如正文中的可靠的塔尔羊（Trusty Tahr）为 14.04 LTS 版本，迪斯科的澳洲野犬（Disco Dingo）为 19.04 版本。

主版本号为 0 被认为是"预发布",是为了快速迭代,不做任何兼容性保证。开发者可以用破坏旧代码的方式修改 API,如新添加一个必要参数或删除一个公共方法。但是主版本号从 1 开始后,一个项目应该保证以下内容。

- 补丁版本号是递增的,用于修复 bug,并且可以向下兼容。
- 对于向下兼容的特性,次版本号是递增的。
- 对于无法向下兼容的变化,主版本号会被递增。

SemVer 还通过在补丁版本号后添加一个"-"来定义预发布版本。小数点分隔的字母和数字的序列被用作预发布版本的标识符(2.13.7-alpha.2)。预发布版本可以在不影响主版本的情况下进行突破性的修改。许多项目使用候选发布版(release candidate,RC)构建。早期采用者可以在正式版本发布之前发现 RC 中的错误。RC 预发布版本有递增的标识符,如 3.0.0-rc.1。然后,最终的 RC 被提升为正式发布版,重新发布的版本没有 RC 的后缀。所有的预发布版本都会被最终版本(在我们的例子中是 3.0.0)所取代。关于发布管理机制的更多信息,请参见第 8 章。

构建流水号被附加在版本号和预发布元数据之后,如 2.13.7-alpha.2+1942。包含构建流水号有助于开发者和工具找到任何版本被编译时的构建日志。

SemVer 的方案还允许使用通配符来标记版本范围(2.13.*)。由于 SemVer 承诺跨小版本和补丁版本的兼容性,即使有更新版本被自动拉取,比如修复 bug 和新特性,此时构建工作也应该继续进行。

5.1.2 传递依赖

软件包管理或构建文件都揭示了项目的直接依赖关系,但直接依赖关系只是构建或打包系统实际使用的子集。依赖关系通常也依赖于其他类库,这就造成了依赖传递。依赖关系报告可以展示出完全解决的依赖关系树(或依赖关系图)。

大多数构建和打包系统都能生成依赖关系报告。继续前面的例子，如代码清单 5-2 所示，这是 Gradle 依赖关系的输出内容。

代码清单 5-2

```
compile - Compile classpath for source set 'main'.
+--- org.apache.httpcomponents:httpclient:4.3.6
| +--- org.apache.httpcomponents:httpcore:4.3.3
| +--- commons-logging:commons-logging:1.1.3
| \--- commons-codec:commons-codec:1.6
\--- org.slf4j:slf4j-api:1.7.2
```

依赖关系树展示了构建系统在编译项目时实际使用的依赖关系。该报告会说明当前依赖的深度。3 层依赖也会被记入报告，如此类推直到所有的依赖都被记入。httpclient 库拉入了 3 个依赖传递：httpcore、commons-logging 和 commons-codec。该项目并不直接依赖于这些类库，但通过 httpclient，就完成了依赖传递。

了解依赖传递是依赖管理的一个关键部分。增加一个依赖关系看起来似乎是一个小变化，但如果相关类库依赖于其他 100 个类库，你的代码现在就依赖于 101 个类库。任何依赖关系的变化都会影响你的程序。确保你知道如何获得像我们例子中的依赖关系树那样的信息，以便你能解决依赖冲突。

5.2 相依性地狱

问问任何一名软件工程师关于相依性地狱的问题，你几乎都会得到一个"悲惨"的故事。同一个类库的冲突版本，或者不兼容的类库升级，都会破坏构建的正常进行并导致运行时失败。比较常见的相依性地狱的罪魁祸首是循环依赖、钻石依赖和版本冲突。

以前的依赖关系报告很简单。一个更现实的报告将展示出版本冲突，并让你可以一窥相依性地狱的情况，如代码清单 5-3 所示。

代码清单 5-3

```
compile - Compile classpath for source set 'main'.
+--- com.google.code.findbugs:annotations:3.0.1
| +--- net.jcip:jcip-annotations:1.0
| \--- com.google.code.findbugs:jsr305:3.0.1
+--- org.apache.zookeeper:zookeeper:3.4.10
| +--- org.slf4j:slf4j-api:1.6.1 -> 1.7.21
| +--- org.slf4j:slf4j-log4j12:1.6.1
| +--- log4j:log4j:1.2.16
| +--- jline:jline:0.9.94
| \--- io.netty:netty:3.10.5.Final
\--- com.mycompany.util:util:1.4.2
     \--- org.slf4j:slf4j-api:1.7.21
```

代码清单 5-3 所示的树结构展示了 3 个直接的依赖关系：annotations、zookeeper 和 util。这些库都依赖于其他的类库，这些是它们的交叉依赖关系。报告中出现了两个版本的 slf4j-api。util 依赖于 slf4j-api 的 1.7.21 版本，但 zookeeper 依赖于 slf4j-api 的 1.6.1 版本。

这些依赖关系形成了钻石依赖，如图 5-1 所示。

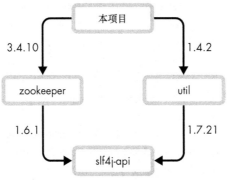

图 5-1 钻石依赖

一个项目不能同时使用同一个类库的两个不同的版本，所以构建系统必须从中选择其一。在 Gradle 依赖关系报告中，版本的选择是用注释来提示的，如代码清单 5-4 所示。

代码清单 5-4

```
| +--- org.slf4j:slf4j-api:1.6.1 -> 1.7.21
```

　　`1.6.1 -> 1.7.21` 意味着 `slf4j-api` 在整个项目中被升级到 `1.7.21` 以解决版本冲突。`zookeeper` 在不同版本的 `slf4j-api` 下可能无法正常工作，尤其是因为相关的依赖 `slf4j-log4j12` 没有被升级。升级之后应该可行，因为 `zookeeper` 依赖关系的主版本号没有变化（SemVer 保证在同一主版本号内向下兼容）。在现实中，兼容性是一个"美丽的愿望"。项目经常在没有检查兼容性的情况下就发放版本，即使是自动化也不能完全保证其兼容性。那些无法向下兼容的变化会被不经意地发版成次版本或补丁版本，给你的代码库带来巨大的破坏。

　　更糟糕的循环依赖（circular dependencies 或 cyclic dependencies），即一个库间接性地依赖它自己（A 依赖 B，而 B 依赖 C，C 又依赖 A，如图 5-2 所示）。

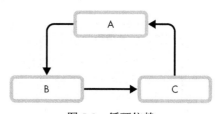

图 5-2　循环依赖

　　循环依赖产生了一个"先有鸡还是先有蛋"的问题：升级一个库会破坏另一个库。工具类或辅助类项目通常出现在循环依赖中。例如，一个自然语言处理（natural language processing，NLP）库依赖于一个可以解析字符串的工具类，在不知情的情况下，另一个开发者将 NLP 库作为工具类的依赖加入一个词干提取的工具方法中。

谷歌集合类的奇怪案例

Java 类库被打包成 JAR 文件。在运行时，Java 会搜索其 classpath 上的所有 JAR 文件来定位所需要的类。这是一种很不错的机制，直到有一天你发现多个 JAR 文件中却包含同一个类的不同版本。

LinkedIn 有一个叫作 Azkaban 的工具，这是一个工作流引擎，允许开发者上传代码包，并安排它们在 Hadoop 上运行。Azkaban 是用 Java 编写的，并没有隔离它自己的 classpath，这意味着所有上传的代码在运行时除了他们自己的依赖之外还会有 Azkaban 的依赖。有一天，运行的任务开始报错，提示出现 NoSuchMethodErrors。令人困惑的是，克里斯的团队可以清楚地看到，在上传的软件包中竟然已经存在了那些缺失方法。这些错误有一个共同的模式：所有缺失的方法都来自流行的谷歌公司的 Guava 库。

Guava 提供了许多有用的特性，包括让出了名笨重的 Java 集合类更容易使用。该团队怀疑 Azkaban 的类库和上传的包之间存在冲突。不过，事情并没有那么简单。Azkaban 根本就没有使用 Guava。他们最终意识到，Guava 是从另一个库，即 Azkaban 正在使用的 google-collections 中演变而来的。Azkaban 从 google-collections 中提取了两个类，ImmutableMap 和 ImmutableList。Java 在 Guava 之前就发现了 google-collections 中的引用类，并试图调用在早期版本的类库中不存在的方法。

团队最终隔离了 classpath，Azkaban 停止向运行环境中添加其 JAR 文件。这基本上解决了这个问题，但有些运行的任务仍然失败了。然后他们发现那些仍然出问题的软件包同时包含了 google-collections 和 Guava。构建系统无法分辨出 google-collections 是 Guava 的旧版本，所以它同时包含了这两个类库，造成了与 Azkaban 依赖性相同的问题。必须进行大量仔细的重构工作，这使许多工程师偏离了他们的正常工作。仅仅为了一些集合类的帮助方法，这一切值得吗？

5.3 避免相依性地狱

你有很大可能会陷入相依性地狱。因为你无法避免引用依赖，并且每一个新的依赖项都自有代价。问问你自己，添加一个依赖项的价值是否超过了它的成本？

- 你真的需要这些特性吗？
- 依赖关系的维护情况如何？
- 如果出了问题，你修复这个依赖有多容易？
- 依赖项的成熟度如何？
- 引用依赖后向下兼容的变化频率如何？
- 你自己、你的团队和你的组织对该依赖的理解程度如何？
- 自己写代码有多容易？
- 代码采用什么样的许可协议？
- 在依赖中，你使用的代码与你不使用的代码的比例是多少？

当你决定添加新的依赖时，请使用以下推荐做法。

5.3.1 隔离依赖项

你不必把依赖管理交给构建和打包系统。依赖相关的代码也可以被复制、被制作成供应商代码或被遮蔽。将代码复制到你的项目中，用依赖管理自动化换取更多的隔离（稳定性）。你将能够准确地挑选你使用的代码，但你必须管理代码的复制。

许多开发者都是在 DRY 的理念下成长的，它不鼓励代码的重复。要务实，不要害怕复制代码，如果它能帮助你避免一个庞大的或不稳定的依赖关系（并且软件许可协议容许这么做）。

直接复制代码在简短的、稳定的代码片段上效果最好。手动复制整个类库有许多缺点：可能会丢失版本历史，而且每次更新都必须重新复制代码。当供应商代码被整体嵌入时，会使用供应商工具来管理历史和更新，供应商文件夹包含完整的库副本。git-subtree 和 git-vendor 等工具有助于管理你的代码库中的供应商文件夹。一些打包系统，如 Go，甚至对供应商文件夹有内置支持。

遮蔽依赖也能达到隔离依赖项的目的。遮蔽依赖会自动将一个依赖关系重新定位到不同的命名空间，以避免冲突，比如将 `some.package.space` 变成 `shaded.some.package.space`。这是一种可以防止库将其依赖关系强加给应用程序的友好方式。虽然遮蔽依赖来自 Java 生态系统，但这个概念的适用范围很广。其他语言如 Rust 也使用类似的技术。

遮蔽依赖是一种高级技术，应该少用。永远不要在公共 API 中暴露一个遮蔽依赖的对象，这样做意味着开发者将不得不在遮蔽的包空间（`shaded.some.package.space.Class`）中创建对象。遮蔽依赖是为了隐藏依赖关系的存在。对于类库的使用者来说，创建一个被遮蔽的对象非常棘手，有时甚至是不可能的。另外，请注意，由于包的名称与在构建构件时不同，遮蔽依赖会使开发人员感到困惑。我们建议只有在你创建一个被广泛使用的依赖项时，才需要对依赖关系进行遮蔽处理，因为这些依赖项可能会产生冲突。

5.3.2 按需添加依赖项

将你使用的所有类库显式声明为依赖项。不要使用来自横向依赖的方法和类，即使它看起来很有效。类库可以自由地改变它们的依赖关系，即使是在补丁级的版本升级中也应如此。在升级过程中，如果你所横向依赖的项目被废止，你的代码将停止工作。

一个只依赖于 `httpclient` 库的项目（来自前面的例子）不应该直接使用 `httpcore`、`commons-logging` 和 `commons-codec`（这些都是 `httpclient` 的依赖项）中的类。如果要使用的话，就应该声明对这些库的直接依赖。

不要只靠 IDE 来进行依赖管理，在构建文件中明确声明你的依赖项。IDE 通常会在自己的项目配置中存储依赖关系，而构建机制并不会去查看这些依赖项。IDE 和构建文件之间的差异会使代码在 IDE 中正常工作，却无法实际地完成代码构建，反之亦然。

5.3.3　指定依赖项的版本

明确设定每个依赖项的版本号，这种做法称为版本指定（version pinning）。未被指定的那些将由构建系统或软件包管理系统为你指定版本。把你的命运交给构建系统是个坏主意，当依赖版本在连续构建过程中发生变化时，你的代码就会不稳定。

代码清单 5-5 所示的代码片段声明了一个带有版本指定的 Go 库依赖列表。

代码清单 5-5

```
require (
    github.com/bgentry/speakeasy v0.1.0
    github.com/cockroachdb/datadriven v0.0.0-2019080921
    4429-80d97fb3cbaa
    github.com/coreos/go-semver v0.2.0
    github.com/coreos/go-systemd v0.0.0-20180511133405-
    39ca1b05acc7
    github.com/coreos/pkg v0.0.0-20160727233714-
    3ac0863d7acf
    ...
)
```

作为对比，在 Apache Airflow 的这段依赖项声明中使用了 3 种不同的版本管理策略，如代码清单 5-6 所示。

代码清单 5-6

```
flask_oauth = [
    'Flask-OAuthlib>=0.9.1',
    'oauthlib!=2.0.3,!=2.0.4,!=2.0.5,<3.0.0,>=1.1.2',
    'requests-oauthlib==1.1.0'
]
```

requests-oauthlib 库被明确地指定为 1.1.0，Flask-OAuthlib 的依赖项被设置为高于或等于 0.9.1 的任何版本。而 oauthlib 库是极其特殊的：1.1.2 或更新的版本，但不能高于 3.0.0，但也不能是 2.0.3、2.0.4 或 2.0.5。由于已知的错误或不兼容，2.0.3 到 2.0.5 版本被排除在外。

界定版本范围是在无特定范围和特殊指定某个版本之间的一个折中方案。依赖解析系统可以自由地解决冲突和更新依赖项，但面对重大的变动时能力有限。但是，任何未指定版本的依赖项不仅会拉取对 bug 的最新修复，还会拉取更多的东西，比如它们会拉取最新的 bug、软件行为，甚至是不兼容的变化。

即使你明确指定了直接依赖项的版本，横向依赖仍然可能有通配符。可以通过生成一个包含所有已解决的依赖项及其版本的完整清单来明确指定横向依赖项的版本。依赖清单有很多名字：在 Python 中可以使用 pip freeze >requirements.txt 命令生成依赖清单，在 Ruby 中可以生成 Gemfile.lock，在 Rust 中可以创建 Cargo.lock。构建系统需要使用依赖清单，这样能保证在每次执行时都会产生相同的结果。当开发者想要更改版本时，他们会明确地重新生成依赖清单。将依赖清单与其他代码一起提交，就可以明确地跟踪任何依赖项的变化，从而有机会防止潜在问题的发生。

为什么 Airflow 的 `flask_oauth` 如此混乱？

前面的代码块中精心设计的依赖项是为了修复 Airflow

从 Flask-OAuthlib 库中继承的一个依赖问题。Flask-OAuthlib 对 oauthlib 和 requests-oauthlib 有自己的无界依赖，这就开始引发问题。Flask-OAuthlib 的开发者为 oauthlib 和 requests-oauthlib 的依赖项引入了有界范围，以解决这个问题，但他们花了一段时间才发布这个修复。在此期间，Airflow 坏掉了，所以无法等到发布 Flask-OAuthlib。作为一个临时的修复方案，Airflow 复制了 Flask-OAuthlib 的依赖声明。这一变化伴随着这样的注释："一旦包括这些变更内容的 Flask-OAuthlib 新版本发布，我们就可以取消这些。"但 18 个月后，那些复制的依赖声明仍然没有被恢复。这就是人们在修复依赖相关的问题时不得不采用的"诡计"。

5.3.4 依赖范围最小化

前面讨论过的依赖范围，定义了在构建生命周期中何时使用某个依赖。依赖范围有一个层次：编译时的依赖项在运行时使用，但运行时的依赖项不会用于编译代码，只会用于运行代码。测试依赖项只会在测试执行时被拉取，对于正常使用的已发布的代码来说是没有必要的。

对每个依赖项使用尽可能精确的依赖范围。用编译时的依赖范围来声明所有的依赖项也可以，但这不是个好习惯。精确的依赖范围将有助于避免冲突并减小运行时的二进制包或者文件的大小。

5.3.5 保护自己免受循环依赖的影响

不要引入循环依赖。循环依赖会导致构建系统的奇怪行为和部署顺序问题。构建系统会出现构建先正常进行，然后突然失败，应用程序会出现难以捉摸的零星 bug。

使用构建工具保护自己。许多构建系统都有内置的循环依赖检测的特性,当检测到循环依赖时就会提醒你。如果你的构建系统不能防止循环依赖,通常有插件可以提供帮助。

5.4 行为准则

需要做的	不应该做的
➤ 务必使用语义化版本	➤ 使用 Git 的哈希值当作版本号
➤ 明确指定依赖版本的范围	➤ 在收益未超过成本时添加依赖项
➤ 务必使用依赖关系报告工具来分析传递依赖	➤ 直接使用传递来的依赖项
➤ 添加新的依赖项时,请务必持怀疑态度	➤ 引入循环依赖
➤ 精确地使用依赖范围	

5.5 升级加油站

依赖相互冲突和不兼容的变化无处不在,一般的说法是相依性地狱(许多生态系统都有自己的叫法,比如 DLL 地狱、JAR 地狱、"任何时候我都要用一下 pip")。尽管依赖管理很复杂,但关于这个问题的图书并不多。针对技术生态系统的讨论和解释在网上非常多见。从了解其历史的角度讲,你可以自行搜索一些关于相依性地狱的文章和参考资料看看。

关于语义化版本管理的紧凑而可读的规范,可以参见 SemVer 的官方主页。Python 中也有一个类似的方案,可以参见 Python 官方主页上的说明。这两种版本管理方案都在被广泛地使用着,所以值得学习。还有很多其他的方案,在同一个项目中遇到使用不同版本规范的构件也很常见。遵循帕累托法则,我们不建议你在刚开始的时候就对语义化版本进行过深的研究，除非这是你工作范畴中明确的一环，或者你需要更多的信息来解决某个具体的问题。本章的内容对大多数日常活动来说应该是足够的。

本章中的许多版本控制的概念都适用于类库和服务端 API。我们会在第 11 章中更多地讨论 API 的版本问题。

第 **6** 章

测　　试

编写、运行和修复测试用例会让人感觉很忙碌。但事实上，测试本身才更容易成为繁忙的工作。糟糕的测试会增加开发人员的开销而不提供价值，并且还会增加测试套件的不稳定性。本章将教你如何有效地进行测试。我们将讨论测试目的、不同的测试类型、不同的测试工具、如何进行负责任的测试，以及如何处理测试中的不确定性。

6.1　测试的多种用途

大多数开发者都知道测试的基本用途：测试可以检查代码是否正常工作。但测试也有其他作用，比如保护代码不会被将来那些无意中的修改所影响、鼓励清爽的代码、强迫开发者试用他们自己的 API、记录组件之间如何交互，以及将其作为一个实验的"游乐场"。

最重要的是，测试本身就可以验证软件的行为是否符合预期。预料之外的软件行为会给用户、开发人员和运维人员带来很多困扰。最初，测试这道工序可以证明代码已经按规定生效了；紧接着，测试可以保护现有的行为不受新变化的影响。当某项旧的测试失败时，必须做出判断：开发人员是打算改变软件的现有行为，还是他们引入了一个 bug？

　　编写测试也迫使开发人员思考他们程序的接口和实现过程。开发人员通常首先会在测试代码中与他们的业务代码联动。新的代码会有粗糙的边缘，测试可以尽早地暴露出笨拙的接口设计，以便于它们被纠正。测试也可以暴露出混乱的实现过程，"意面式"的代码，或有太多依赖项的代码，都很难进行测试。编写测试也可以迫使开发人员分别通过改进关注点分离和降低紧耦合的方式来确保他们的代码拥有良好的构造。

　　测试中的代码整洁程度的副作用是如此强烈，以至于测试驱动的开发（test driven development，TDD）变得很普遍。TDD 是指在写代码之前先编写测试的实践，如果测试写好之后运行测试失败了，那么就去编写代码使其通过。TDD 迫使开发人员在写出一堆代码之前思考软件的行为、接口设计和集成。

　　测试其实是另一种形式的文档，它说明了代码是如何被交互的。它是一名有经验的程序员开始阅读并了解一个新的代码库的首选入口，测试套件是一个伟大的游乐场。开发人员通过调试器来运行测试，并进行逐行调试。当发现 bug 或出现关于软件行为的问题时，可以通过添加新的测试来了解它们。

6.2　测试类型

　　测试领域一共有几十种不同的测试类型和测试方法。我们的目标并不是涵盖这个主题的全部内容，而是去讨论比较常见的几种类型——单元测试、集成测试、系统测试、性能测试和验收测试，这样做可以给你奠定一个坚实的基础。

　　单元测试是验证代码的"单元"，这通常指某个单一的方法或行为。单元测试应该快速、简短且集中。运行速度很重要，因为这些测试经常运行，通常是在开发人员的笔记本计算机上。专注于单个代码单元的小型测试，在测试失败时更容易理解是什么地方出了问题。

集成测试验证多个组件集成在一起之后是否还能正常工作。如果你发现自己在测试中实例化了多个相互作用的对象，那么你正在写的可能就是集成测试。集成测试通常执行得比较慢，需要比单元测试更复杂的设置。开发人员运行集成测试的频率较低，所以反馈的周期更长。这些测试可以找出那些通过各自独立的单元测试难以发现的问题。

回头看才知道

几年前，德米特里在选购新的洗碗机。他看了网上的评论，然后去了一家商店，详尽地比对了所有的规格，仔细权衡了优缺点，最后确定了他最喜欢的型号。引领着德米特里跑前跑后的销售人员检查了库存，准备下订单，就在他的手在 Enter 键上徘徊时，他停住了。"这台洗碗机是要放在你厨房的一个角落里吗，有这种可能吗？""为什么这么问，是的，有这种可能。""是否有一个抽屉从橱柜里伸出来，与这台洗碗机要放的地方呈 90 度角，这样它就可以滑到洗碗机门前的地方？""为什么这么问呢，是的，是有这样一个抽屉。""啊，"销售人员说着，把他的手从键盘上移开了，"你可能会想要一个不同的洗碗机。"德米特里选择的型号的洗碗机有一个在门上突出的把手，这将完全阻挡抽屉的抽出路线。

功能完美的洗碗机和功能完美的橱柜完全不兼容。很明显，销售人员以前就见过这种特殊的整合方案会失败！（解决办法是购买一个带有内嵌式门把手的类似的洗碗机。）

系统测试是验证整个系统的整体运行情况。端到端（end-to-end，e2e）的工作流程是为了模拟在预生产环境中系统与真实用户的互动。系统测试自动化的方法各不相同。一些组织要求软件在发布前通过系统测试，这意味着所有的组件都应被测试并同步发布。有些组织提供的系统过于庞大，以至于同步发布是不现实的。这些组织通常会进行广泛的集成测试，并以连续的合成监控进行生产环境测试作为补充。合成监控脚本在生产环境中运行，可以模拟用户注册、浏览和购买商品等。合成监控可进行计费、财会以及其他系统行为的一整套动作来区分这些生产环境测试和真实的活动。

性能测试（如负载测试和压力测试）监控不同配置下的系统性能。负载测试可以监控不同负载水平下的性能：例如，系统的性能在 10 个、100 个或 1000 个用户同时访问时究竟如何。压力测试将系统负载推高到崩溃的程度。压力测试可暴露系统的负载能力究竟有多大，以及在过度负载下会发生什么状况。这些测试对于容量规划和服务等级目标定义非常有用。

验收测试是指由客户或其代理人进行的，以验证交付的软件是否符合验收标准的测试。这些测试在企业软件中相当普遍，正式的验收测试及验收标准是作为昂贵的合同中的一部分来规定的。国际标准化组织（International Standards Organization，ISO）要求验收测试可以验证明确的业务需求，作为其安全标准的一部分；ISO 认证审核委员会要求提供需求和相应的测试文件证据。在监管较少的组织中发现的不太正式的验收测试，是下面主题的一个变体："我刚刚改变了一件事，你能让我知道一切是否看起来还不错吗？"

在现实世界中测试

在编写本章时，我们研究了许多成功的开源项目的测试设置。许多项目缺少某些类型的测试，而有些项目在架构分离上不一致——将"单元测试"和"集成测试"混为一谈。了解这些分类的含义和它们之间的权衡很重要。不过，不要执意于把它做得完美无缺。成功的项目会在现实世界中做出务实的测试决定，你也应该如此。如果你有机会去改进测试和测试套件，请务必去做。不要拘泥于测试代码中的命名和分类，如果不是设置完全不正确的话，就不要妄下结论。软件的熵是一种强大的力量（参见第 3 章）。

6.3 测试工具

测试工具分为几类：测试用例的编写工具、测试框架，以及代码质量工具。测试用例的编写工具，如模拟库，可以帮助你编写干净和高效的测试。测试框架通过模拟测试的生命周期，从 setup 到 teardown，帮助测试的运行；测试框架还可以保存测试结果，与构建系统集成，并提供其他的辅助功能。代码质量工具被用来分析代码覆盖率和代码复杂性，通过静态分析来寻找 bug，并检查代码风格错误；代码质量工具通常被设置为构建或编译步骤的一部分来运行。

每一个添加到你的环境中的工具都有各自的成本。每个人都必须理解相应工具，以及它所有的特异性。该工具可能依赖于许多其他类库，这将进一步增加系统的复杂性。有些工具会减慢测试速度。因此，在你能证明引入的复杂性带来的利弊之前，请避免使用外部工具，即使新引入的工具利大于弊，也要确保你的团队可以接受它。

6.3.1 模拟库

模拟库通常用于单元测试，特别是在面向对象的代码中。代码经常依赖于外部系统、类库或对象。模拟库用模仿真实系统提供的接口来代替外部依赖性。模拟库通过对输入的响应来实现测试所需的特性，这些响应一般都是带有硬编码的响应。

消除外部依赖性可以使单元测试快速而集中。模拟远程系统允许测试绕过网络调用，可简化设置，并且避免缓慢的运行过程。模拟方法和对象允许开发人员编写集中的单元测试，这些单元测试可以只完成一个特定的行为动作。

模拟库还可以防止应用程序的代码中充斥着测试专用的方法、参数或变量。只针对测试的变更难以维护，也使代码难以阅读，并导致混乱的 bug（不要在你的方法中添加布尔型的参数 isTest!）。模拟库可以帮助开发人员访问受保护的方法和变量，而无须修改常规代码。

虽然模拟库很实用，但也不要过度地使用它。具有复杂的内部逻辑的模拟方法会使你的测试变得脆弱和难以理解。从单元测试中的基本内联模拟开始，一直到你开始在测试用例之间重复地使用模拟逻辑之前，并不需要写一个共享的模拟类。

对模拟库的过度依赖是一种代码异味，它表明代码紧紧地耦合在了一起。无论何时，只要在使用模拟库，就要考虑是否可以重构代码以消除对模拟系统的依赖。将计算和数据转换逻辑从 I/O 代码中分离出来，这有助于简化测试，使程序不那么脆弱。

6.3.2　测试框架

测试框架可以帮助你编写和执行测试。你会发现一些框架可以帮助你统筹执行单元测试、集成测试、性能测试，甚至是 UI 测试。下面是框架的作用。

- 管理测试的 setup 和 teardown。
- 管理测试执行和编排。
- 生成测试结果报告。
- 提供工具，如扩展的断言方法。
- 与代码覆盖率工具集成。

setup 和 teardown 方法允许开发人员指定测试步骤，如数据结构的构建或文件清理,需要在单个测试或一组测试之前或之后执行。许多测试框架为 `setup` 和 `teardown` 的执行提供了多种选择,比如在每项测试之前、在某个文件中的所有测试之前,或在一个构建任务中的所有测试之前。在使用 `setup` 和 `teardown` 方法之前,请阅读文档,以确保你可以正确地使用它们。不要期望 `teardown` 方法在所有情况下都能运行。例如,如果某项测试灾难性地失败了,这会导致整个测试过程强制退出,`teardown` 方法就不会被执行了。

测试框架可以通过编排测试流程来帮助控制测试的速度和隔离度。测试可以串行或并行地执行。串行测试是一个接一个地执行,一次执行一个测试会更安全,因为测试之间相互影响的机会比较少;并行执行更快捷,但由于共享的状态、资源或其他污染,因而更容易出错。

测试框架可被配置于为每项测试启动一个新的进程。这进一步提高了测试的隔离度,因为每项测试都会重新开始。请注意,为每项测试启动新的进程是一种开销极高的操作。参见 6.5 节以了解更多关于测试隔离的信息。

测试报告帮助开发人员调试那些失败的构建任务。报告提供了一个详细的数值,说明哪些测试通过了,哪些测试失败了,或者被跳过了。当一项测试失败时,报告会显示究竟哪个断言失败了。报告还会把每项测试的日志和堆栈信息组织起来,以方便开发人员快速地调试失败的用例。注意:测试结果的存储位置并不总是那么明显,比如报告的摘要被输出到控制台,而完整的报告则被写入磁盘。如果你在查找报告时遇到困难,请在测试和构建任务的目录中翻翻看。

6.3.3　代码质量工具

利用工具可以帮助你写出高质量代码。强制执行代码质量规则的工具被称为 linter,linter 可以运行静态分析并执行代码风格检查。代码质量检测工具会报告复杂度和测试覆盖率等指标。

　　静态代码分析工具可以寻找常见的错误，比如残留的文件句柄或使用未赋值的变量。静态代码分析工具对于像 Python 和 JavaScript 这样的动态语言特别重要，因为这些语言没有编译器来捕捉语法错误。分析工具可以寻找已知的代码异味，并高亮出有问题的代码，但不能避免误报，所以你应该认真思考静态代码分析工具报告出来的问题，并用代码上的注解覆盖误报，告诉分析工具可以忽略特定的违规行为。

　　代码风格检查工具可以确保所有源代码的格式相同：每行最大字符数、驼峰命名法与蛇形命名法、适当的缩进，诸如此类。一致的风格有助于多名程序员在一个共享代码库上进行协作。我们强烈建议你设置你的 IDE，以便可以自动应用所有的风格规则。

　　代码复杂度工具可以通过计算圈复杂度——换句话说，大致上通过代码的路径数量来防范过于复杂的逻辑。你的代码复杂度越高，就越难测试，也越有可能包含更多的 bug。圈复杂度通常随着代码库的大小而增加，所以总体得分高并不一定是坏事。然而，复杂度的突然跃升可能会引起担忧，高复杂度的个别方法也是如此。

　　代码覆盖率工具衡量的是有多少行代码被测试套件执行过。如果你修改的代码降低了代码覆盖率，你应该编写更多的测试用例。确保测试用例可以对你所做的任何新的修改进行验证，以合理的覆盖率为目标（经验值是 65% 到 85%）。请记住，仅仅依靠覆盖率并不能够衡量测试质量的优劣：它可能会有很大的误导性，无论是在高覆盖率还是低覆盖率的时候。检查自动生成的代码，如脚手架或序列化类，它们会创建具有误导性的低覆盖率。相反，为了达到 100% 的覆盖率而痴迷于创建单元测试并不能保证你的代码能够安全地集成。

　　工程师倾向于对代码质量指标进行严格的检查。仅仅因为某个工具发现了一个质量问题，并不意味着它确实是一个问题，也不意味着它值得立即被修复。对那些未能通过质量检查的代码库要有务实精神。

不要让代码变得更糟，但也要避免以破坏性地停止一切[①]的方式来清理工程。可以以 3.2 节作为指导来确定何时修复代码质量问题。

6.4　自己动手编写测试

你有责任确保你的团队的代码按预期运行。编写你自己的测试，不要指望别人为你清理战场。许多公司都有正式的质量保证（QA）团队，尽管其职责各不相同，但都包括以下内容。

- 编写黑盒或白盒测试。
- 编写性能测试。
- 进行集成测试、用户验收测试或系统测试。
- 提供和维护测试工具。
- 维护测试环境和基础设施。
- 定义正式的测试认证和发布流程。

QA 团队可以帮助你验证你的代码是否稳定，但千万不要把代码直接丢给他们，然后让他们做所有的测试。QA 团队早就不写单元测试了，那些日子早就过去了。如果你所在的公司有正式的 QA 团队，请了解他们负责什么，以及如何与他们接触。如果他们被嵌入你的团队中，他们很可能会参加 Scrum 和冲刺计划会议（关于敏捷开发的更多信息，请参见第 12 章）。如果他们是一个集中的组织，想要得到他们的帮助可能需要填写任务票或提交一些正式的请求。

6.4.1　编写干净的测试

编写测试代码的时候要像编写其他代码一样谨慎。测试代码

[①]　stop-the-world，参见第 3 章 STW 的相关说明。

会引入新的依赖关系，这需要维护，并需要随着时间的推移而进行重构。笨拙的测试有很高的维护成本，这将减缓未来的发展。笨拙的测试也不太稳定，不太可能提供可靠的结果。

在测试中要采用良好的编程实践。记录测试如何生效，如何运行，以及为什么写这些测试。避免硬编码的值，不要重复代码。使用设计的最佳实践来保持关注点的分离，并保持测试的内聚性和解耦性。

专注于测试基本功能而不是实现细节，这有助于代码库的重构，因为测试代码在重构后仍然可以运行。如果你的测试代码与实现的细节结合得太紧密，对代码主体的改变就会破坏测试代码。这些破坏并不意味着有什么东西坏掉了，而只是表示代码改变了。这并不提供价值。

将测试的依赖项与常规代码的依赖项分开。如果一项测试需要某个类库来运行，不要强迫整个代码库都依赖这个类库。大多数的构建和打包系统将允许你专门为测试定义依赖关系，可以善加利用这一特点。

6.4.2　避免过度测试

不要淹没在编写测试的这项工作中，这样很容易跟丢那些值得投入精力去编写测试的地方。要编写那些在测试失败的时候有意义的测试，不要为了提高代码覆盖率而去提高代码覆盖率。测试数据库包装器、第三方类库或基本的变量赋值，即使它们能提高覆盖率指标，也是毫无价值的。要专注于那些对代码风险有最大影响的测试。

某项测试的失败结果应该提示开发人员，程序的行为发生了一些重要的变化。当代码发生了琐碎的变化，或者当一个有效的实现方法被另一个取代时，测试就会失败，这就造成了繁忙的工作并使程序员变得见怪不怪。当代码没有被破坏时，我们应该不需要去修复测试。

将代码覆盖率作为一个指南，而不是硬性的规则。高的代码覆盖率并不能保证正确性。在测试中执行过的代码的比率可以算作覆盖率，但这并不意味着它被有效地测试了。在测试覆盖率为100%的代码库中，完全有可能存在严重的 bug。追求特定的代码覆盖率是一种短视行为。

不要为自动生成的代码手动编写测试，如 Web 框架、脚手架或 OpenAPI 客户端。如果你的覆盖率工具没有被设置为忽略自动生成的代码，工具会将这些代码报告为未测试。在这种情况下，请修复覆盖工具的配置。代码生成器是经过彻底测试的，所以测试自动生成的代码是在浪费时间（除非你手动引入对生成文件的修改，在这种情况下，你应该测试它们）。如果由于某种原因，你发现确实需要测试生成的代码，那就想办法在生成器中加入测试。

把精力集中在最高价值的测试上。测试需要时间来编写和维护。专注于高价值的测试，可以产生最大的收益。可以使用风险矩阵来寻找需要关注的领域，风险矩阵将风险定义为失败的可能性和影响。

图 6-1 所示的是一个风险矩阵的样例。纵向为失败的可能性，横向为失败的影响，事件失败的可能性与影响的交叉点定义了它的风险。

		失败的影响 →			
	微小的	轻微的	适中的	重大的	严重的
非常可能	中低	中	中高	高	高
较大可能	低	中低	中	中高	高
较小可能	低	中低	中	中高	中高
不可能	低	中低	中低	中	中高
非常不可能	低	低	中低	中	中

图 6-1 风险矩阵

测试可以将代码风险向左下方转移，因为测试越多，失败发生的可能性就越低。首先应该关注代码中的高风险的区域；而那些低风险或被废弃的代码，诚如其概念所言，并不值得测试。

6.5　测试中的确定性

确定性的代码对于相同的输入总是给予相同的输出。相比之下，非确定性的代码对于相同的输入可以返回不同的结果。一个需要在网络套接字上调用远程网络服务的单元测试具有不确定性，如果网络出现问题，那么测试也会失败。非确定性测试是一个困扰许多项目的问题。重要的是需要了解为什么非确定性测试是糟糕的、如何去修复它们，以及如何避免编写它们。

测试中的不确定性降低了测试的价值。间歇性的测试失败（被称为拍打测试）是很难重现和调试的，因为它们不会在每次运行时都复现，甚至每 10 次运行都不容易复现。你不知道问题是出在测试本身还是你的代码上，因为拍打测试的结果不能提供有意义的信息，开发人员可能会忽略它们，并因此提交错误的代码。

间歇性失败的测试应该被禁用或立即修复。可以在一个循环中反复运行某项失败的测试来进行再现。IDE 有重复运行测试的特性，但在 shell 的循环中也可以。有时这些非确定性是由测试之间的相互作用或特定的计算机配置造成的，面对这些情况你必须去做一些实验，一旦你重现了失败的测试，你就可以通过消除不确定性或修复 bug 来解决它。

非确定性通常是由对休眠、超时和生成随机数的不恰当处理引入的，测试中遗留下来的副作用或与远程系统交互也会导致非确定性。通过下面几种手段可以避免出现非确定性，比如使用具有确定性的时间类型和随机数并在测试后进行清理，以及避免网络调用。

6.5.1 种子随机数生成器

随机数生成器（random number generators，RNG）必须使用一个值作为种子，这个值决定了你从它那里获取的随机数。在默认情况下，随机数生成器将使用系统时钟作为种子。但是系统时钟会随时间而变化，所以用随机数生成器进行两次测试时就会产生不同的结果，即非确定性。

可用一个常数作为随机数生成器的种子，迫使它每次运行时都能确定地生成相同的序列。使用常数种子的随机数生成器的测试将总是通过或总是失败。

6.5.2 不要在单元测试中调用远程系统

远程系统的调用需要网络跳转，这是不稳定的。网络调用可能会超时，这就给单元测试引入了非确定性。某项测试可能会先通过数百次，然后由于网络超时而失败一次。远程系统也是不可靠的，它们可以被关闭、重新启动或冻结。如果一个远程系统出现了回退，你的测试就会失败。

避免远程调用（一般这也很慢）也能保持单元测试的快捷和可移植性。快捷的运行速度和可移植性对于单元测试至关重要，因为开发人员经常在本地的开发计算机上运行它们。依赖于远程系统的单元测试无法移植，因为运行测试的主机必须能够访问远程系统，而远程系统往往是在内部的集成测试环境中，网络通常不可达。

你可以通过使用模拟库或重构代码来剔除单元测试中的远程系统调用，从而使远程系统仅在集成测试中被需要。

6.5.3 采用注入式时间戳

如果处理不当，依赖于特定时间间隔的代码会导致非确定性。网络延迟和 CPU 速度等外部因素会影响操作所需的时间，而系统时钟的进程是独立的。为了某件事情的发生而等待 500 毫秒的代码很脆弱：如果代码在 499 毫秒内运行测试就会通过，但在 501 毫秒内运行则会失败。使用静态的系统时钟方法，如 now 或 sleep，则表明你的代码依赖于时间。可以使用注入式时间戳而不是静态时间方法，这样你就可以控制你的代码在测试中获取的时间。

代码清单 6-1 所示的名为 SimpleThrottler 的 **Ruby** 类说明了这个问题。当操作数超过阈值时，SimpleThrottler 会调用一个节流方法，但该例时钟是不可注入的。

代码清单 6-1

```ruby
class SimpleThrottler
  def initialize(max_per_sec=1000)
    @max_per_sec = max_per_sec
    @last_sec = Time.now.to_i
    @count_this_sec = 0
  end

  def do_work
    @count_this_sec += 1
    # ...
  end

  def maybe_throttle
    if Time.now.to_i == @last_sec and @count_this_sec
      > @max_per_sec
      throttle()
      @count_this_sec = 0
    end
    @last_sec = Time.now.to_i
  end

  def throttle
    # ...
  end
end
```

在代码清单6-1的例子中,我们不能保证在测试中触发`maybe_throttle`条件。如果测试计算机的性能下降或操作系统决定不公平地安排测试进程,两个连续的操作就可能需要无限制的时间来运行。没有对时钟的控制,就不可能正确地测试节流的逻辑。

相反,可采用注入式时间戳。注入式时间戳将让你使用模拟来精确控制测试中的时间流逝,如代码清单6-2所示。

代码清单 6-2

```
class SimpleThrottler
  def initialize(max_per_sec=1000, clock=Time)
    @max_per_sec = max_per_sec
    @clock = clock
    @last_sec = clock.now.to_i
    @count_this_sec = 0
  end

  def do_work
    @count_this_sec += 1
    # ...
  end

  def maybe_throttle
    if @clock.now.to_i == @last_sec and @count_this_
    sec > @max_per_sec
      throttle()
      @count_this_sec = 0
    end
    @last_sec = @clock.now.to_i
  end

  def throttle
    # ...
  end
end
```

这种方法被称为依赖注入,允许测试通过向时钟参数注入一

个模拟值来覆盖时钟行为。模拟器可以返回整数型的数值来触发
maybe_throttle。常规代码可以默认为常规的系统时间戳。

6.5.4　避免使用休眠和超时

当某项测试需要在一个单独的线程、进程或计算机中完成前
置工作，才能验证其结果时，开发人员经常使用 sleep 函数或超
时。这种使用方法的问题是，它假设了另一个执行线程会在特定
的时间内结束，但这并非你可以强行依赖的条件。如果编程语言
的虚拟机或解释器正在回收垃圾，或者操作系统决定"饿死"执
行测试的进程，你的测试将（时而）失败。

在测试中休眠或设置长的超时，也会减慢你的测试执行过程，
从而延缓你的开发和调试过程。如果你有一项需要休眠 30 分钟的
测试，你的测试最快也要 30 分钟才能执行完。如果你设置了一个
很长的超时或压根儿没设置超时，你的测试就会被卡住。

如果你发现自己想在测试中设置休眠或超时，看看你是否能
重组测试步骤，进而确认一切能否以确定的方式来执行。如果不
能，那也没关系，但要做出真诚的努力。在测试并发或异步的代
码时，并不总能提供确定性。

6.5.5　记得关闭网络套接字和文件句柄

许多测试都会泄露操作系统的资源，因为开发人员认为测试
是短暂的，当测试终止时，操作系统自己会清理一切。然而，测
试执行框架经常对多例测试使用同一进程，这意味着如果网络套
接字或文件句柄不被立即释放的话，就会造成系统资源的泄露。

泄露的资源会导致不确定性。操作系统对打开的套接字和文
件句柄的数量有一个上限，当有太多的资源被泄露时，操作系统
就会开始拒绝新的请求。一旦某项测试无法打开新的网络套接字
或文件句柄，那么它将会失败。已经泄露的网络套接字也会破坏
使用相同端口的测试。即使测试是被连续执行的，第二个测试也

会因为无法绑定到端口而失败，因为网络套接字之前已经被打开了，却没有关闭。

对于在局部使用的资源可以利用标准的资源管理技巧，如 `try-with-resource` 或 `block`。在测试中共享的资源应使用 `setup` 和 `teardown` 方法进行关闭。

6.5.6 绑定到 0 端口

测试不应该绑定到某个特定的网络端口。绑定静态端口会导致不确定性：在一台计算机上运行良好的测试在另一台计算机上会失败，只是因为端口被占用了。将所有测试都绑定到同一端口是一种常见的做法。这些测试在串行时会运转良好，但是在并行时就会失败。测试失败将是不确定的，因为测试并不总以相同的顺序执行。

相反，将网络套接字都绑定到 0 端口，这将使操作系统需要自动去选择一个开放的端口。测试可以检索被选中的端口，并在该项测试的剩余部分使用这个端口。

6.5.7 生成唯一的文件路径和数据库位置

测试不应该写入某一个已经被静态定义好了的位置。数据的持久性与网络端口绑定有同样的困境。恒定的文件路径和数据库位置会导致测试之间相互干扰。

应该动态地生成唯一的文件名、目录路径以及数据库或表名。动态 ID 可以让测试并行执行，因为它们都会读写到各自的位置。许多语言都会提供工具类库来安全地生成临时目录（如 Python 中的 `tempfile`）。将 UUID 附加到文件路径或数据库位置也是可行的。

6.5.8 隔离并清理剩余的测试状态

不清理测试状态会导致不确定性。状态存在于数据存续周期内的任何地方，通常在内存或磁盘上。全局变量如计数器是常见的内存状态，而数据库和文件是常见的磁盘状态。某项需要向数据库追加记录并明确肯定该行存在的测试，如果另一项测试也写到了同一张表里，该项测试就会失败。在一个干净的数据库上单独运行时，同样的测试就会通过。这些没被清理掉的剩余的状态也会慢慢填满磁盘空间，从而破坏测试环境的稳定性。

　　集成测试环境的设置很复杂，所以它们经常会被共享。许多测试都是并行执行的，同时读取和写入相同的数据存储单元。在这种环境中要小心，因为共享资源会导致意外的测试行为。这些测试可以影响彼此的性能和稳定性。共享数据存储还会导致互相干扰测试数据。务必遵循我们在 6.5.7 小节中的指导，以避免发生测试冲突。

　　无论你的测试是否通过，你都必须重置状态，不要让失败的测试"留下残渣"。使用 setup 和 teardown 方法来删除测试文件，清理数据库，并在每次执行之前重置内存中的测试状态。在测试套件运行的间隙重建环境，这样可以消除测试机的遗留状态。像容器或虚拟化这样的工具可以很容易地废弃整个环境并开启一个新的环境。然而，废弃和开启新的虚拟机要比运行 setup 和 teardown 方法慢，所以这样的工具最好用于大型的测试分组。

6.5.9　不要依赖测试顺序

　　测试不应该依赖于特定的执行顺序。顺序依赖通常发生在某项测试会先行写入数据，而随后的测试会假设数据已经写入的场景。这种模式很糟糕，原因有很多。

- 如果第一个测试失败了，第二个也会失败。
- 这使得并行测试更加困难，因为在第一个测试完成之前，你不能执行第二个测试。
- 对第一个测试的修改可能会意外地破坏第二个测试。
- 对测试运行器的修改可能会导致你的测试以不同的顺序运行。

使用 setup 和 teardown 方法，在测试之间共享逻辑。在 setup 方法中为每项测试提供数据，并在 teardown 中清理数据。在每次运行之间重置状态，将防止测试在状态发生突变时相互破坏。

6.6 行为准则

需要做的	不应该做的
➤ 使用测试去重现 bug	➤ 忽视添加新测试工具时的成本
➤ 使用模拟工具去帮助编写单元测试	➤ 依赖于他人为你编写测试用例
➤ 使用代码质量工具去检查覆盖率、格式和复杂度	➤ 仅仅为了提高覆盖率而编写测试
➤ 在测试中使用常数种子的随机数生成器	➤ 仅仅将代码覆盖率作为代码质量的衡量标准
➤ 在测试后关闭网络套接字和文件句柄	➤ 在测试中使用可以避免的休眠和超时
➤ 在测试中生成唯一的文件路径和数据库位置	➤ 在单元测试中调用远程系统
➤ 在测试执行的间隙清理掉遗留的测试状态	➤ 依赖于测试执行顺序

6.7 升级加油站

关于软件测试的图书已经有许多，甚至篇幅很长。我们建议可以针对具体的测试技术去阅读，而不是阅读详尽的测试教科书。

如果你想了解更多测试的最佳实践，弗拉基米尔·霍里科夫的《单元测试：原则、实践与模式》(*Unit Testing: Principles, Practices, and Patterns*，由 Manning 出版社于 2020 年出版) 是本可看的书。它涵盖了单元测试的理论、常见的模式和反模式。尽管这本书的名字叫作"单元测试"，但它也涉及了集成测试。

　　肯特·贝克的《测试驱动开发：实战与模式解析》(*Test-Driven Development: By Example*，已由机械工业出版社于 2013 年引进出版)详细地介绍了 TDD。TDD 是一项伟大的技能。如果你发现自己处在某个贯彻了 TDD 思想的组织中，那么这本书是必读的。

　　看一看安德鲁·亨特和戴维·托马斯合著的《程序员修炼之道——从小工到专家》(*The Pragmatic Programmer: From Journeyman to Master*，已由电子工业出版社于 2011 年引进出版)中关于基于属性的测试的部分。我们调查了基于属性的测试，但没有将相关内容放入本书中，但是如果你想扩展你的能力，基于属性的测试是一项值得学习的技术。

　　伊丽莎白·亨德里克森的《探索吧！深入理解探索式软件测试》(*Explore It!: Reduce Risk and Increase Confidence with Exploratory Testing*，已由机械工业出版社于 2014 年引进出版)讨论了通过探索性测试来学习代码的方法。如果你正在处理复杂的代码，这本书非常值得一读。

第 **7** 章

代码评审

大多数团队会在合并代码的修改之前进行代码评审。高质量的代码评审文化有助于所有具有不同经验水平的工程师的成长，并促进他们对代码库的共同理解。糟糕的代码评审文化会抑制创新，减慢开发速度，并且导致滋生怨恨情绪。

你的团队会希望你参与到代码评审中来——无论是作为评审者还是被评审者。代码评审会带来冒充者综合征和邓宁-克鲁格效应——我们在第 2 章中讨论过这两个现象。对于评审产生焦虑和过度自信都是一种自然反应，但如果有正确的环境和技巧，你就可以克服它们。

本章将解释为什么代码评审是有用的，以及如何成为一名优秀的被评审者和评审者。我们将告诉你如何让你的代码得到他人的评审，以及当你得到反馈时如何回应。然后，我们将翻转角色，告诉你如何成为一名好的评审者。

7.1 为什么需要评审代码？

执行良好的代码评审极具价值。首先它有明显的、肉眼可见的好处——评审可以捕捉 bug 并保持代码整洁，但代码评审的价值不仅仅是让人来代替自动测试和代码质量检查工具。优秀的代码评审可以作为一个教学工具，传播认识，记录实现的决策，并提供代码的更改记录以确保安全性与合规性。

代码评审对你的团队来说是一种教学和学习工具，你可以从别人评审你的代码给予的反馈中学习，评审者会指出那些你可能不知道的有用的类库和编码实践。你也可以阅读更资深的队友的代码评审请求，以了解代码库，并学习如何编写生产级别的代码（关于编写生产级别代码的更多内容，请参见第 4 章）。代码评审也是了解你的团队的编码风格的一种简单方法。

评审整个代码库的变更可以确保不止一个人熟悉生产环境中代码的每一行，对代码库的共同理解有助于团队更有凝聚力地扩展代码。让别人知道你在改什么，意味着一旦出现了问题，你不是团队中唯一可以仰仗的人。On-Call 工程师会追加什么时候哪些代码被修改了的背景信息，这种共享的知识意味着你可以在休假时不必担心还要必须对你的代码做支持。

被记录下来的评审意见也是一种文档，它们解释了为什么事情会这样做，因为需要以某种特定方式编写代码的原因并不总是显而易见的。代码评审可以作为实现决策的档案，有旧的代码评审作为参考，可以为开发人员提供一份书面的历史记录。

为了安全性与合规性，甚至也可能需要代码评审。安全性和合规性政策通常规定了代码评审作为一项防范措施来防止任何一名开发人员恶意修改代码库。

只有当所有的参与者能够在一个“高度信任”的环境中工作时，代码评审的这些好处才会适用，在这个环境中，评审者有意提供有用的反馈，被评审者也愿意接受意见。

执行不力的代码评审会成为一种有害的阻碍。轻率的反馈不提供任何价值，还会拖慢开发人员的速度。缓慢的周转时间会使代码的变化停滞不前。如果没有正确的评审文化，开发人员可能会陷入反复拉锯扯皮的分歧中，这可能会毁掉一个团队。评审不是一个证明你有多聪明的机会，也不是一个橡皮图章式的官僚主义障碍。

7.2 当你的代码被评审时

代码修改由准备、提交、评审、最后批准和合并这几个环节组成。开发人员从准备提交他们的代码这个环节开始。一旦代码准备好了，他们就会提交这些改动，并创建一个"评审请求"，然后通知评审者。如果有反馈，就会进行来来回回的讨论，并进行相应的修改。然后，这些修改被批准并最终合并到代码库中。

7.2.1 准备工作

一个精心准备的评审请求可以使开发人员很容易理解你在做什么并提供有建设性的反馈。遵循我们在第 3 章中给出的 VCS 指导：保持单个代码的小幅改动，将特性和重构工作分到不同的评审中，并写出描述性的提交信息，务必将注释和测试包括在内。不要执着于那些你提交评审的代码，要期待它在评审过程中发生变化，有时甚至是重大的变化。

记得附加一个标题和描述，添加评审者，并链接到你的评审请求所要解决的问题。标题和描述与提交信息不完全一样，评审请求的标题和描述应该包括相应修改需要如何被测试的附加背景，与其他资源的链接，以及关于未解决的问题或实现细节的标注。下面有一个样例，如代码清单 7-1 所示。

代码清单 7-1

```
评审者：agupta，csmith，jshu，UI/UX 团队。
标题：[UI-1343] 修复了在目录 Header 上缺失链接的问题。
描述：

# 概述
主页目录 Header 上缺失"关于我们"的链接。
```

现状是单击目录按钮没有反应，通过追加一个正确的链接来修正这个问题。

追加了一项 Selenium 测试来验证本次修改。

\# 检查列表
本次拉取请求：

- [x] 添加新的测试代码；
- [ ] 修改面向公众的 API；
- [ ] 把设计文档涵盖在内。

这个评审请求的样例遵循了几项最佳实践。个人和整个 UI/UX 团队都被加到了评审者列表中；标题引用了正在修复的问题（UI-1343）；使用一个已经约定好的标准格式来引用问题，这样可以使集成环境自动连接问题的跟踪器和代码评审，这在未来参考旧的问题时会很有帮助。

代码评审中的描述内容也附加了一个该代码库的评审模板。有些代码库会有一个填写描述的模板，这种模板会给评审者提供关于本次修改的重要背景。例如，一个关于面向公众的 API 的改动可能需要增加评审。

7.2.2 用评审草案降低风险

许多开发人员一般通过写代码来思考问题。代码修改的草案是一种思考和提出相应修改的很棒的方式，这种方式不需要投入那么多时间来编写测试、打磨代码和添加文档。你可以通过提交评审草案来检查你正在做的事情：一项非正式的评审请求，旨在从队友那里获得快速和低成本的反馈，这可大大降低你在错误道路上走得太远的风险。

为了避免混淆，要清楚代码评审的时候是草案还是正在进行的工作（work-in-progress，WIP）。许多团队都有关于草案的惯例，通常会在代码评审的标题前添加"DRAFT"或"WIP"作为区分。

一些代码评审平台对此有内置支持，例如，GitHub 有"草案拉动请求"。一旦你的草案看起来像在正确的轨道上，你就可以通过完成代码实现、测试和文档，并增加润色，将其从"草案"的状态中迁移出来。同样，要清楚你的代码何时可以进行正式的评审，然后按照 7.2.1 小节所述去准备评审请求。

7.2.3　提交评审请勿触发测试

大型项目往往带有复杂的测试工具。作为一名新的开发者，要彻底弄清楚如何运行所有相关的测试可能会很困难。一些开发者通过提交代码评审的方式来触发持续集成（continuous integration，CI）系统来绕过这个问题，这是一种糟糕的做法。

通过提交代码评审来触发执行测试的方式是一种浪费。你的评审将填满测试队列，这将阻碍那些真正需要在合并前运行测试的评审。你的队友可能会误以为你的评审请求是他们应该看的东西。CI 系统将运行全部的测试套件，而你可能只是需要运行那些与你的修改有关的测试。

需要投入时间来学习如何在本地运行你的测试。在本地调试某项失败的测试比在 CI 环境中更容易一些，你不能在远程计算机上附加调试器或轻松地获取调试信息。建立你的本地测试环境，学习如何只执行那些你关注的测试。使你的编码和测试周期缩短，这样你就能立即知道你的改动是否破坏了什么。这是一项需要前期投入的成本，但从长远来看，它将节省你的时间（而且对你的队友更友好）。

7.2.4　预排大体量的代码修改

在做大体量的修改时，要进行代码层面上的预排会议（walk-through）①。预排会议是一种面对面的会议，开发人员在会上共享

---

①　原文为 walk-through，在日常软件开发中称之为"过一遍"，也有些团队称之为"走查代码"。结合了不同行业的称呼，本书中统一将其翻译为预排会议。

他们的屏幕，并引导队友了解正在进行的修改内容。预排会议是启发想法和让你的团队适应代码修改的好方法。

提前分发相关的设计文档和代码，并要求你的团队成员在预排会议之前简单地浏览。给他们足够的时间，不要把预排会议安排在一个小时之后。

在预排会议开始的时候，要介绍有关修改的背景，可能需要快速回顾一下设计文档。然后，分享你的屏幕，并在你的 IDE 中浏览代码。最好的预排方法是通过浏览代码的运行步骤来完成，从最开始的页面加载、API 调用或应用程序启动，一直到执行结束。解释任何新模型或抽象背后的主要概念、它们是如何被使用的，以及它们是如何与整个应用程序进行整合的。

不要试图让你的队友在预排会议中实际地进行代码评审，参加者应该把他们的评论留到未来真正的代码评审环节。预排会议的目的是帮助你的团队理解为什么要提出修改，并给他们一个良好的心理模型，以便他们可以自行去进行详细的代码评审。

7.2.5　不要太在意

从你的代码上得到的那些批评性的评论可能让你很难接受。切记应该保持一些情感上的距离——这些评审意见是针对代码的，而不是针对你个人的，而且这甚至都不算是你的代码，将来整个团队会拥有这些代码。得到很多建议并不意味着你没有通过考验，这意味着评审者正在参与到你的代码中并且在思考如何去改进它。得到很多评论是一种完全正常的现象，尤其当你是团队中经验不足的开发者之一时。

评审者可能会要求你做一些看起来并不那么重要或可以稍后解决的修改，他们可能有不同的优先级和进度安排。你要尽力地保持开放的心态，去理解他们的想法。要乐于接受意见，并期望根据反馈意见来修改你的代码。

7.2.6 保持同理心，但不要容忍粗鲁

每个人的沟通方式各有不同，但不应该容忍粗鲁。请记住，一个人的"简短且命中要害"可能对于其他人意味着"粗暴无礼"。应该允许评审者怀疑，但如果他们的评论似乎偏离了中心或粗鲁无礼，请明确地告知他们。如果讨论总拖拖拉拉或让人感觉"哪里不太对劲"，那么试着去面对面地交流，这样可以扫清沟通中的障碍并找到解决办法。如果你觉得不舒服，可以和你的管理者谈谈。

如果你不同意某项建议，试着解决分歧。首先审视你自己的反应，你本能地保护你的代码只是因为你编写了它们，还是因为你的方式事实上更好？清楚地解释你的观点，如果你们还是不能达成一致，咨询一下你的管理者下一步该怎么做。团队处理代码评审冲突的方式各不相同，有的服从提交者，有的服从技术负责人，还有的服从小组的法定人数。应该遵循团队惯例。

7.2.7 保持主动

不要羞于要求别人评审你的代码。评审者经常被代码评审和任务票通知淹没，所以在高速推进的项目中可能会漏掉某些评审请求。如果你没有得到任何反馈，请向团队报告（但不要催促）。当你收到评论时，要有所回应。你不希望你的代码评审要拖上几个星期。每个人的记忆都会"消失"，你回应得越快，你得到他人回应的速度就越快。

在你收到批准后请及时合并你的修改。让代码评审一直悬而未决是不体谅他人的做法。其他人可能正在等待你的修改，或者想在你合并后再修改代码。如果你等待的时间太长的话，你的代码将需要被变基（rebase）和修复。在极端的情况下，变基操作可能会破坏你的代码逻辑，这将导致需要再一次进行代码评审。

7.3 评审别人的代码时

好的评审者将评审请求分成几个阶段。首先分流评审请求，以确定其紧急度和复杂度，并预留出时间来评审代码的修改。开始评审时，阅读代码并提出问题，以了解变化的背景。然后，给出反馈意见，在评审工作中推动决断。将这一流程与一些最佳实践相结合，将大大改善你在评审他人代码时的表现。

7.3.1 分流评审请求

当你收到评审请求的通知时，你作为评审者的工作就开始了。首先要对评审请求进行分流。有些代码修改很关键，需要立即评审。然而，大多数的修改是不那么紧急的。如果紧急度不明确，请询问提交者。修改的规模和复杂度也需要考虑在内。如果一项修改是小且简单明了的，快速的评审将有助于你的队友扫清前进的路障。大型修改的评审则需要更多的时间。

高速推进的团队会产生大量的代码评审需求。你不需要评审每一项代码修改，要专注于那些你可以从中学习的修改和你熟悉的代码。

7.3.2 给评审预留时间

代码评审类似于运维工作（将在第 9 章中讨论），其规模和频率在某种程度上无法预知。不要每次有评审需求时就中止你正在做的一切。如果不加以控制，评审带来的中断会破坏你的生产力。

在你的日历上划出代码评审时间。预定的评审时间会使你很容易继续你的其他任务，因为你知道你以后会有集中的时间段进行代码评审。这也会使你的评审保持高质量——当你有专门的时间时，你就不会对需要切换回其他任务而感到有那么大的压力。

大型的代码评审可能需要进行额外的计划。如果你收到的评审请求可能需要花费一两个小时以上的时间，请创建一张任务票来跟踪代码评审本身。与你的管理者合作，在冲刺计划中分配专门的时间（参见第 12 章中关于敏捷开发的部分）。

7.3.3 理解修改的意图

不要一上来就以提交评论的方式开始你的评审工作，首先要阅读并提出问题。如果评审者真的花时间去理解拟议的代码修改，那么代码评审是较有价值的事情。争取理解为什么要进行这项修改，代码过去的表现是什么样的，以及改变后的代码表现是怎么样的。考虑 API 设计、数据结构和其他关键决策的长期影响。

了解修改的动机将解释具体实现的决策，你可能会发现某些修改甚至是不需要的。比较修改前后的代码也会帮助你检查正确性，并启发其他的实现想法。

7.3.4 提供全面的反馈

你需要对代码修改的正确性、可实施性、可维护性、可读性和安全性提供反馈，指出那些违反代码风格手册、难以阅读或令人困惑的代码，阅读测试用例并寻找 bug 以验证代码的正确性。

问问你自己，你将如何实现这些改动，以引发关于替代方案的想法，并权衡各个方案的利弊。如果公共的 API 被改变了，想想这可能会影响到兼容性和计划中的展开（参见第 8 章，关于这个主题可以了解更多）。考虑未来的程序员可能会误用或误解这段代码的使用方式，以及如何修改代码以防止这种情况发生。

思考有哪些类库和服务可以帮助这项修改。建议采用第 11 章中讨论的模式来保持代码的可维护性。寻找 OWASP 十大违规行为，如 SQL 注入攻击、敏感数据泄露和跨站脚本攻击的漏洞。

写评论时不要过于简短——请按照你们坐在一起评审代码时的说话方式来写评论。评论应该是有礼貌的，并且包括"什么"和"为什么"。

校验端口是否大于或等于 0，如果不是，需要触发 InvalidArgumentException 异常。端口不可能是负值。

7.3.5 要承认优点

在评审代码时，会很自然地把注意力集中在发现问题上，但代码评审不一定全都是负面的评论。对好的东西也要进行赞扬。如果你从阅读代码中学到了一些新的东西，请明确地传达给作者。如果一次重构清理了代码中的问题区域，或者新的测试看起来会降低未来修改的风险，那么请用积极的、鼓励性的评论来嘉许这些内容。即使是一项令你讨厌的修改，你也可以对它说些好话——如果没有别的原因，就承认它的意图和努力。

这是一项有趣的改动。我完全理解把队列代码迁移到第三方库的想法，但我很不喜欢添加新的依赖项。现有的代码很简单，而且做了它需要做的事情。如果我误解了你的动机，请你一定要告诉我，我很乐意和你进一步讨论。

7.3.6 区分问题、建议和挑剔

并非所有的评审意见都有相同的重要性。重大问题需要比中性的建议和肤浅的挑剔投入更多的关注。

不要回避文体方面的反馈，但要清楚地表明你是在吹毛求疵。在评论前添加一个"Nit"作为前缀是惯例。

Nit: 双空格。

Nit: 对于这里和其他所有的内容，针对方法名请使用蛇形命名法，针对类名请使用驼峰命名法。

Nit: 方法名让我感觉很奇怪。"maybeRetry(int threshold)"怎么样？

如果同样的代码风格类的问题反复出现，不要一直喋喋不休。指出第一个例子，并指出这是需要全面展开的问题。没有人喜欢被反复告知同样的事情，而且也没有必要这样做。

如果你发现自己经常对代码风格挑挑拣拣，请询问该项目是否设置了足够的代码检查工具。理想情况下，应该是工具为你做这项工作。如果你发现你的评审意见中大多是挑剔的内容，很少有实质性的评论，那就放慢速度，做更深入的阅读。指出有用的代码美观的问题是评审的一部分，但它不是主要目标。参见第 3 章，了解更多关于代码检查和代码整洁工具的信息。

把那些对你来说更好但并不需要批准的建议指出来，在反馈前加上"可选"（optional）、"接受或不接受"（take it or leave it）或"非必须"（nonblocking）的字样。将你提出的建议与你真正希望看到的修改区分开来，否则，提交者就不一定清楚了。

7.3.7 不要只做橡皮图章

你可能会迫于压力，在没有真正看清楚的情况下就批准了某项评审。一项紧急的修改、来自同行的压力、一项看似微不足道的变动，或者一项过于大型的改动都会迫使你签字。同情心可能会促使你迅速扭转评审的局面——你知道不得不等待评审是一种什么样的感觉。

要抵制那种用草率批准的方式快速给评审盖上橡皮图章的诱惑，橡皮图章式的评审是有害的。团队成员会认为你已经知道了这项修改是什么、为什么要这么改，你可能会在以后被追究责任。提交者会认为你已经浏览并批准了他们的工作。如果你不能充分地确定评审的优先次序，那就根本不要评审相应代码修改。

给某项请求盖上橡皮图章的诱惑可能是一个信号，表明代码的变化对一个单独的请求来说太大了。不要害怕要求你的团队成员将大型的代码评审分割成较小的部分分批进行。对开发者来说，很容易就会产生一项数千行的改动。期望一次性就能充分评审一项巨大的代码改动是不合理的。如果你觉得代码预排会议可能更有效率，你也可以要求这样做。

7.3.8　不要只局限于使用网页版的评审工具

代码评审通常在一个专门的 UI 中处理，比如 GitHub 中的拉取请求界面。不要忘记，代码评审本身也只是代码而已。你仍然可以迁出或下载那些拟议的修改，并在本地处理它们。

在本地迁出代码可以让你在你的 IDE 中检查、建议那些拟议的修改。大型的改动在网页界面中很难浏览，集成开发环境和桌面的评审工具可以让你更容易地浏览这些变更。

本地代码也是可以运行的，你可以创建你自己的测试来验证事情是否如预期般进行。调试器可以被附加到正在运行的代码上，这样你就可以更好地了解事情是如何表现的。你甚至可以触发失败的场景，以更好地说明你的评审意见。

7.3.9　不要忘记评审测试代码

评审者经常会忽略测试代码，特别是当变更比较大的时候。测试代码应该像代码的其他部分一样被评审。通过阅读测试代码来开始评审工作通常是有用的，它们说明了代码是如何被使用的，以及预期会发生什么。

一定要检查测试代码的可维护性和清洁度。寻找糟糕的测试模式：依赖执行顺序、缺乏隔离和远程系统调用。请参见第 6 章，了解测试的最佳实践和需要注意的违规行为。

7.3.10　推动决断

不要成为促成"夭折"的原因，要帮助提交者评审以迅速批准他们的代码。不要坚持要求完美，不要扩大修改的范围，要清楚地描述哪些评审意见是关键的，不要让分歧发酵。

坚持质量，但不要成为不可逾越的障碍。谷歌的《工程实践文档》("Engineering Practices Documentation"，可以在其官方代码的说明页上找到全文）讨论了在评审变更列表（changelist，CL，谷歌对拟议的代码修改的内部术语）时的这种张力。

> 一般来说，评审者应该倾向于批准 CL，只要它处于肯定能改善正在运行的系统的整体代码运行的状况，即使 CL 并不完美。

尊重正在进行的修改的范围。在你阅读的过程中，你会发现改进相邻代码的方法，并产生一些关于新特性的想法，不要坚持将这些修改作为现有评审的一部分来进行。另开一张任务票来改进代码，把工作留到以后。确定严格的范围将提高速度并保持增量更改。

你可以通过将本项评审标记为"尚需修改"（request changes）或"批准"（approved）来做出决断。如果你留下了很多评审意见，撰写评审摘要会很有帮助。如果你要求修改，请明确说明需要哪些修改才能使你批准。这里有一个例子。

> 本项修改看起来很不错。几乎无处可以吹毛求疵，但是我的主要诉求是希望修改端口的处理方式。代码看起来比较脆弱。更多的内容可以参见评审意见。

如果对代码修改有重大分歧，而你和作者又不能解决分歧的话，请主动提出把这个问题移交给其他专家，他们可以帮助解决相关分歧。

7.4 行为准则

需要做的	不应该做的
➤ 在提交评审请求之前保证通过了测试和代码检测工具的检查	➤ 仅仅为了触发 CI 系统而提交评审请求
➤ 为代码评审预留出专门的时间，像对待其他工作一样对待评审工作	➤ 只做橡皮图章

> ➤ 当评审意见很粗鲁、没有建设性或者有不当言论的时候，请明确指出来

> ➤ 通过适当提供相应修改的背景信息来帮助评审者

> ➤ 在进行代码评审时，超越肤浅的对代码风格的指摘

> ➤ 用尽一切工具去理解棘手的代码改动，不要只依赖评审工具自身的界面

> ➤ 将测试代码纳入评审范围

> ➤ 和代码"坠入爱河"或者把评审的反馈意见当作私人恩怨

> ➤ 在不了解整项改动的大背景的情况下就直接纠缠代码细节

> ➤ 过度地挑剔

> ➤ 让"完美"成为"优秀"的敌人

7.5　升级加油站

谷歌公司的《开发者代码评审指南》（"Code Review Developer Guide"）是公司代码评审文化的一个优秀的例子。请记住，该指南是专门为谷歌公司而编写的。你的公司对风险的容忍度，对自动化质量检查的投入，以及对速度或一致性的偏好，可能会导致不同的理念。

归根结底，代码评审是一种给予和接受反馈的专门的形式。道格拉斯·斯通与希拉·汉合著的《高难度谈话 II：感恩反馈》（*Thanks for the Feedback: The Science and Art of Receiving Feedback Well*，已由光明日报出版社于 2017 年引进出版）是一个很棒的资源，可以帮助你成为更好的评审者和被评审者。

第 **8** 章

软件交付

你 应该了解你的代码最终是如何出现在用户面前的。了解交付
的过程将帮助你解决问题，并控制修改的内容何时生效。你
可能不会直接参与这个过程——它可能是自动化的或由发布工程
师来真正操作的，但是那些在 Git 提交和实时流量之间的步骤不应
该是一个谜。

当软件在生产环境中稳定运行，并且被客户真实使用时，它
就被交付了。交付包含诸如发布、部署和展开等环节。本章将介
绍向客户交付软件所涉及的不同阶段、源代码控制的分支策略（这
会影响软件的发布方式）以及当前的最佳实践。

8.1 软件交付流程

不幸的是，交付阶段并没有行业标准的定义。取决于你与谁
交谈，像发布和部署这样的措辞可能指代的是交付管道中完全不
同的部分。你的团队可能把整个流程——从打包到展开，统称为
发布（release）。他们可能把打包一个构件称为发布，而把构件交
付下载的过程称为发行（publishing）。直到一个特性在生产环境中

被打开时才能称其为被"发布"了，而在这之前的一切行动都是部署（deploy）。

在本章中，我们将提到软件交付的 4 个阶段，即构建（build）、发布、部署和展开（rollout），如图 8-1 所示。软件首先必须被构建成软件包。软件包应该是不可变的，并且被标记了版本。然后，软件包必须被发布。发行说明和变更日志都会被更新，同时软件包会被发行到一个集中的存储库。已发行的发布级的构件必须被部署到预生产和生产环境中。部署的软件还不能被用户访问——它只是被安装了而已。一旦部署，软件就会通过将用户转移到新的软件上而进行展开。一旦展开完成，就意味着完成了交付。

图 8-1　软件交付流程

交付过程是更大的产品开发周期中的一部分。展开阶段之后，收集反馈意见，发现 bug 并收集新的产品需求。特性开发重新开始，并最终启动下一轮的构建流程。交付阶段中的每一环都有一套最佳实践，这些实践将帮助你快速、安全地交付软件。但在我们深入了解每个交付环节之前，我们需要介绍源代码控制的分支策略。分支策略决定了代码变更的提交位置以及发布代码的维护方式。正确的分支策略将使软件交付变得简单和可预测，而错误的策略将使交付变成与流程本身的缠斗。

8.2　分支策略

发布的软件包是使用 VCS 中的代码进行构建的。主分支——有时也称为主干或主线，包含整个代码库的主版本，并有修改的历史记录。分支是从主分支上"切"下来的，以进行代码修改。多个分支允许开发人员并行工作，并在准备好时将他们修改过的内容合并回主分支上。不同的分支策略定义了分支应该持续多长时间、它们与软件的已发布版本之间的关系，以及代码的变化如何传递到多个分支上。分支策略的两个主要系列是基于主分支的开发和基于特性分支的开发。

在基于主分支的开发中，所有开发人员都在主分支上工作。分支被用于单个小型特性、修复 bug 或更新。

图 8-2 所示的是一个基于主分支的开发模式。创建了一个叫作特性-1（feature-1）的特性分支，并将其合并回主分支（trunk）上。故障-1（bug-1）分支的创建是为了修复一个 bug。一个发布分支也被切了下来，开发人员决定把这个 bug 的修正内容转移提交（cherry-pick）到发布版-1.0（release-1.0）版本中。

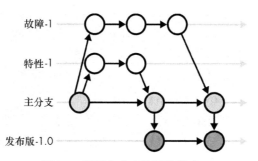

图 8-2　基于主分支的开发模式

只有当各分支可以快速合并到主分支时，基于主分支的开发模式的效果才是最好的，如果不是在几小时内，也应该在几天内合并到主分支，并且不在开发人员之间共享。频繁地合并被称为持续集成（CI）。CI 可降低风险，因为代码上的变化会迅速传递给所有的开发人员，使他们彼此之间不太可能有很大的分歧。让开发人员的代码库保持同步，可以防止潜在的最后一分钟的集成障碍，并尽早暴露出错误和不兼容的情况。作为一种代价，主分支中的 bug 会拖累所有的开发者。为了防止代码破损，在一个分支被合并到主分支上之前，要运行快速的自动化测试来验证其是否可以通过。团队通常有明确的流程来应对破损的主分支，一般的期望是主分支应该总是可以发布的，而且发布往往相当频繁。

在基于特性分支的开发模式中，许多开发人员同时在长期存续的特性分支上工作，每个特性分支与产品中的一个特性相关联。由于特性分支存续时间都较长，开发人员需要重新调整——从主分支中拉入变化——以使特性分支不至于偏离太远。通过控制变基操作来保持分支的稳定性。在准备发布时，特性分支会被拉入发布分支。发布分支被测试，而特性分支可能会继续发展。软件包是建立在稳定的发布分支上的。

当主分支太不稳定以至于无法发布给用户时，或者开发人员希望避免进入特性冻结期，即在主分支线稳定后禁止提交特性时，基于特性分支的开发就很常见。基于特性分支的开发模式在收缩型软件中更为常见，因为不同的用户使用着不同的版本。而面向服务的系统通常使用基于主分支的开发模式。

最流行的特性分支方法，由文森特·德里森在 2010 年归纳提出，被称为 Gitflow。Gitflow 使用开发分支、热修复分支和发布分支。开发分支被用作主分支，特性分支与之合并和变基。在准备发布时，发布分支会从开发分支中被切分出来。在版本已稳定的期间内，开发工作在特性分支上继续进行。发行版稳定后会合并到主分支。主分支总被认为是可以随时部署到生产环境的，因为它只包含稳定的版本。如果主分支是不稳定的，因为它包含了严重的 bug，则会立即采用热修复的方式来解决这些 bug，而不是等待正常的发布周期。热修复被应用于热修复分支，然后会被合并到主分支和开发分支。

图 8-3 所示的 Gitflow 示例有两个特性分支：特性-1（feature-1）和特性-2（feature-2）。特性分支是长期存续的，它与开发分支之间有提交和合并。发布分支上有两个版本，都被拉入了主分支。

热修复分支用于修复在主分支上发现的错误。热修复分支会被拉取到开发分支之中，因此特性分支也可以将其拉取进来。

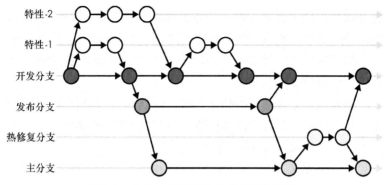

图 8-3　Gitflow 基于特性分支的开发模式

　　理解并遵循团队的分支策略。分支策略定义了代码的变动何时被推出，设置了测试预期，定义了你的错误修复选项，并确定了你的代码变动必须被移植到的版本数量。许多公司开发了内部工具来帮助管理他们的 VCS 工作流，这些脚本会自动为你进行分支、合并和标记。

　　除非你真的需要那种长期存续的特性分支，否则请坚持使用基于主分支的分支策略。管理特性分支会变得很复杂。事实上，德里森已经修改了他最初关于 Gitflow 的博文，不再鼓励将 Gitflow 用于可持续集成和交付的软件。

8.3　构建环节

　　软件包在交付之前必须进行构建。构建软件包需要很多步骤：解决和连接依赖项、运行 linter[①]、编译、测试，最后是打包软件。大多数构建步骤在开发过程中也会用到，这些内容在第 3 章到第 6 章中已经介绍过了。在本节中，我们将集中讨论构建的输出结果：软件包。

　　软件包是为每个发布版本而构建的，所以软件不必在每台运

---

① 前文提到的代码质量检查工具。

行它的计算机上再次构建。与每台计算机使用自己的环境和特异的工具集来编译和运行代码相比，预先构建好的软件包更加一致。

　　如果软件的目标是在一个以上的平台或环境中运行的话，构建环节就会产生多个软件包。

　　构建通常会为不同的操作系统、CPU 架构或语言运行环境产生软件包。你可能遇到过类似这样的 Linux 软件包名称。

- mysql-server-8.0_8.0.21-1_amd64.deb
- mysql-server-8.0_8.0.21-1_arm64.deb
- mysql-server-8.0_8.0.21-1_i386.deb

　　这些 MySQL 包都是为相同的 MySQL 版本而构建的，但每个包都为不同的架构而编译：AMD、ARM 和 Intel 386。

　　软件包的内容和结构各不相同。软件包可以包含二进制包或源代码、依赖关系、配置、发行说明、文档、媒体文件、许可证、校验和，甚至是虚拟机镜像。类库会被打包成特定语言的格式，如 JAR、wheel 和 crate，其中大多数只是组合成符合规范的压缩目录。应用程序包通常以 ZIP 压缩包、TAR 压缩包（.tar 文件）或安装包（.dmg 或 setup.exe 文件）的形式构建。容器和机器包允许开发者不仅可以构建他们的软件，而且还可以构建软件运行的环境。

　　打包决定了什么软件会被发布。糟糕的打包会使软件难以部署和调试。为了避免出现令人头痛的问题，应该总是对软件包进行版本管理，并按资源类型分割软件包。

8.3.1　打包需要带版本号

　　软件包也应该被纳入版本管理，并且被分配唯一的标识符。唯一的标识符帮助运维人员和开发人员将运行中的应用程序与特定的源代码、特性集合以及文档联系起来。如果没有版本号，你就不知道这个包会有什么样的表现。如果你不确定要使用哪种版本策略，语义化版本是一个安全的选择。大多数软件包都遵循某种形式的语义版本管理（参见第 5 章）。

8.3.2 将不同的资源单独打包

软件不仅仅是代码，配置、schema[①]、图像和语言包（各种语言的翻译）都是软件的一部分。不同的资源有不同的发布节奏、不同的构建时间，以及不同的测试和验证需求。

不同的资源应该被分开单独地打包，这样它们就可以被修改而不需要重新构建整个软件包。分开打包让每种类型资源都有自己的发布周期，可以独立向前和向后滚动。

如果你正在向客户发送一版完整的应用程序，那么最终的包就是一个元包：一个包含所有包的包。如果你正在发布一项网络服务或一个自我升级的应用程序，你可以单独发布包，从而允许配置、翻译与代码分开升级。

> ### Python 打包
>
> Python 的打包管理有一段漫长而曲折的历史，这使它成了一个很好的案例。Python 打包授权组织（Python Packaging Authority，PyPA）已经发表了《Python 打包指南》（"An Overview of Packaging for Python"），它试图将 Python 的打包选项合理化。图 8-4 和图 8-5 所示的是 Python 的打包选项，由马哈茂德·哈希米制作并包含在 PyPA 的概述中。
>
>
>
> 打包 Python 的工具和类库
>
> 1. `.PY`: 独立模块。
> 2. `sdist`: 纯 Python 包。
> 3. `wheel`: Python 包。
>
> （静态链接与动态链接的不同作用域）
>
> 图 8-4 对 Python 工具和库可用的打包选项

[①] 关于 schema 在 11.4.2 小节会有更多的说明。

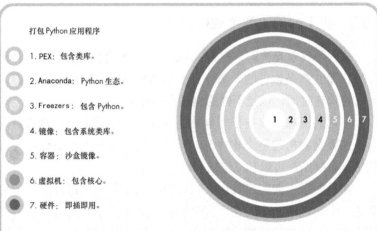

打包 Python 应用程序

1. PEX：包含类库。

2. Anaconda：Python 生态。

3. Freezers：包含 Python。

4. 镜像：包含系统类库。

5. 容器：沙盒镜像。

6. 虚拟机：包含核心。

7. 硬件：即插即用。

图 8-5　Python 应用程序可用的打包选项

　　Python 库洋葱图的核心是一个简单的 .py 源文件。下一层级 sdist 是一组 .py 文件——也被称为模块——被压缩成 .tar.gz 压缩包。尽管 sdist 包会包括一个模块的所有 Python 代码，但它们并不包括该包可能需要的编译代码，那在下一个层级。除了原始的 Python 代码外，wheel 还包括用 C、C++、Fortran、R 或任何其他 Python 包可能依赖的语言编写并编译的本地库。

　　图 8-5 所示的是应用程序的打包选项，由于它包括语言的运行环境、机器虚拟化和硬件，所以更有层次感。PEX 包会包括 Python 代码和它所有的库的依赖关系。Anaconda[①] 提供了一个生态系统来管理所有已经安装的库，而不仅仅是你的应用程序所依赖的那些。Freezers 不仅捆绑了库，还捆绑了 Python 的运行环境。镜像、容器和虚拟机打包操作

[①] Anaconda 是 Python 的一个包管理器。类似的管理器还有 Conda。另外 Python 的命名来源于 Python 之父吉多·范罗苏姆最喜欢的电视剧《巨蟒剧团之飞翔的马戏团》（*Monty Python's Flying Circus*），而 Python 来源于希腊神话中的巨蟒皮同。而 Anaconda 也是指巨蟒，这就形成了有趣的对应关系。类似的命名趣闻在软件领域还有很多，比如 Delphi 与 Oracle。

系统和磁盘镜像。在某些情况下，甚至硬件也是一种打包方式，在发布嵌入式系统的硬件时，应用程序包、系统类库和操作系统本身都已经安装好了。

虽然这些打包选项中有些是 Python 独有的，但许多语言都有类似的模式。像虚拟机和容器这样的外层与语言无关，它们可以一一对应到你所使用的打包栈中的每一层。了解你的打包系统的假设和约定将防止部署环节出问题。

8.4 发布环节

发布环节可以让用户使用软件，并实现部署，即交付的下一阶段。发布过程会根据软件的类型、规模以及用户的复杂程度而有所不同。一个内部的网络服务的发布过程可能只有一个步骤：将一个软件包发行到一个共享的软件包仓库里面。而面向用户的发布则需要发布构件、文档的更新、发行说明和用户沟通。

发布管理是一门艺术，它可以采用可预测的节奏来发布稳定的、拥有良好文档的软件。正确的发布管理可以让客户满意。牵扯到多个团队共同参与的复杂软件，通常会设一个发布经理的角色。发布经理协调整个发布过程——测试、功能验证、安全检查的程序、文档等。

理解发布管理将帮助你有效地参与你公司的发布流程。通过频繁地发布不可更改的软件包，来获得你的软件的掌控权。你需要明确发布时间表，并在发布新版本的同时也发布更新日志和发行说明。

8.4.1 请勿只想着发布

请对你的软件发布负责。即使你的组织拥有发布工程的固定流程或运维团队，你也应该知道你的软件是如何以及何时会出现在用户面前的。发布和运维团队可以在设置工具、提供最佳实践的建议、自动处理繁杂事务和自动记录方面提供很大的帮助，但他们并不像你那样了解你的代码。归根结底，你有责任确保软件得到适当的部署和良好的运转。

你应该确保你的代码在测试环境中运行良好，跟踪发布时间表，理解那些可用的选项，并为你的应用程序选择正确的配置。

如果应用程序只交付了一半，或者在生产环境中发现了一个关键的 bug，你需要参与、了解这一切是如何发生的，以及如何避免它再次发生。

8.4.2　将包发布到仓库

软件包通常会被发布到一个存储资源库中，或者简单地标记一下并存放在像 Git 这样的 VCS 中。虽然这两种做法都可以，但我们鼓励你把发布包发布到一个专门的存储资源库。

存储资源库会为终端用户提供已发布的构件。Docker Hub、GitHub Release Pages、PyPI 和 Maven Central 都是公共资源库。许多公司也会在私人的存储资源库中发布和发行内部软件。

存储资源库会保证已发布的构件（另一种说法是可部署的包）可用于部署。存储资源库也可以当作档案库——以往发布的构件可用于调试、回滚和分阶段部署。包的内容和元数据都有索引，可以浏览。支持搜索可以使其很容易地找到依赖关系、版本信息和发布日期——这些都是在排除故障时的宝贵信息。存储资源库也是为了满足部署的需求而建立的，可以应对成千上万的用户在同时下载某一个新版本。

像 Git 这样的 VCS 也可以作为发布的存储资源库来使用。例如，Go 就采用了这种方法。Go 的依赖关系不是一个集中的存储资源库，而是通过 Git URI（通常是 GitHub 的存储仓库）来表达。

VCS 也可以作为发布的存储资源库，但它们并不是为这个目的而建立的。VCS 没有那么多有用的搜索和部署的特性，它们并不是为大型部署而建立的，而且可能会被"淹没"。如果一台 VCS 计算机同时在处理开发者签出、工具请求和部署请求，生产环境上的部署将会受到影响。如果你发现自己通过一个 VCS 进行发布处理，请确保它能承受相应负载。发布和开发共享一个系统通常会导致运维上的问题，因为部署和开发的需求是非常不同的。开发人员会频繁地进行小规模的提交，同时很少迁出。部署人员迁出代码，往往是在许多计算机上同时迁出。如果部署需求和开发者工具共享同一个资源库或者物理机，它们就会影响到彼此的性能。

8.4.3　保持版本不变性

一旦发布了，就永远不要改变或覆盖这个已发布的包。不可变的发布包可保证所有运行特定版本的应用程序实例都是相同的，在字节层面上都一样。相同的发布包让开发者可以推理出应用程序中的代码以及它应该如何表现。版本会变化的包并不比没有版本的包更优秀。

8.4.4　频繁发布

你应该尽可能频繁地发布。较长的发布周期给人一种错误的安全感：两次发布之间的漫长周期感觉像是有充足的时间来测试变化。在实践中，快速的发布会产生更稳定的软件，当发现 bug 时更容易修复。每个周期的变化较少，所以每个版本的风险都较小。当一个 bug 出现在生产环境中时，在调试时要回顾的代码变化就会更少。代码在开发人员的头脑中是新鲜的，这将使 bug 更容易和更迅速地被修复。

具有自动发布和部署特性的软件应该可以在每次提交时都触发发布流程。对于较难部署的大型软件，要平衡发布的频率与发布、部署、维护的成本以及用户的覆盖率。

8.4.5　对发布计划保持透明

　　发布时间表定义了软件的发布频率。有些项目有可预测的基于时间的计划，每季度或每年发布一次；有些项目则在特定特性完成时发布（也就是基于里程碑的发布），或者仅在他们想发布的时候发布。内部系统经常在每次提交时都发布版本。无论采用哪种发布方式，都要明确发布时间表。公开时间表并在新版本发布时通知用户。

8.4.6　撰写变更日志和发行说明

　　变更日志和发行说明可以帮助你的用户和支持团队了解一个版本中包含的具体内容。变更日志列出了在该版本中被修复或提交的每一张任务票的内容。为了自动生成变更日志的内容，可以跟踪提交信息或问题票中的标签。发行说明是对一个版本中包含的新特性和修复的 bug 的汇总。变更日志主要会被支持团队和开发团队阅读，而发行说明是专门给用户看的。

Apache 软件基金会的发布流程

　　Apache 软件基金会（Apache Software Foundation，ASF）为开源项目提供指导和资源。ASF 发布流程的指南很全面，如果你想参考一个真实世界的例子，可以查看该指南。

　　每一个 Apache 项目发布环节都会指定一名发布经理来运作。发布包括源代码和通常的二进制包。发布经理使用加密密钥对构件进行签名，这样用户就可以验证下载的软件包是否来自 Apache。发布也包括用来检测损坏的校验和。发布包括 LICENSE 和 NOTICE 文件，以声明各种软件许可和版权，并且所有源文件的头注释里都包括许可信息。

　　发布经理随后会"切出来"一个候选发布版本。软件包被创建后，项目管理委员会（project management committee，PMC）的成员会投票接受或拒绝该候选版本。PMC 成员应该在投票前验证最终的构件——检查校验和与签名是否有效，软件是否通过验收测试。一旦接受，构件将被传送到 Apache 官网的下载页面。发布后，发布经理会在 Apache 项目邮件列表中发出公告，并在项目网站上更新发行说明、变更日志、新的文档和博客文章。

查看 Apache 官网的 release 页面，以了解完整的发布流程；或者查看 Apache Spark 的发布页面，以了解详细的运行手册。

8.5　部署环节

部署软件是指将软件包送到它们需要运行的地方的行为。部署机制各不相同——移动应用的部署与核反应堆的部署不同，但同样的基本原则都适用。

8.5.1　自动部署

使用脚本而不是手动步骤来部署软件。自动部署的可预测性更高，因为脚本的行为是可以重复的，并且有版本控制。当事情出错时，运维人员能够推理出部署行为。

脚本比人更不容易犯错，而且它们消除了在部署过程中去手动调整系统、登录计算机或复制软件包的诱惑。现有计算机上的变更状态很难是正确的。同一款软件的两个不同的部署行为就会导致不一致，这很难调试。

高度发展的自动化催生了持续交付。通过持续交付，人力被完全从部署环节中移除。打包、测试、发布、部署，甚至展开环节都是自动化的。部署可以根据需要的频率来进行——每天、每小时或持续不断。通过持续交付，团队可以快速地向用户交付特性，并从他们那里获得反馈。成功的持续交付需要对自动化测试（参见第 6 章）、自动化工具以及能够吸收快速变化的客户群体做出承诺。

我们建议用现成的工具来自动化你的部署操作。自定义部署脚本在开始时很容易，但很快就会变得笨重。Puppet、Salt、Ansible 和 Terraform 等现成的解决方案可以与现有的工具集成，并且它们是专门为了自动化部署而设计的。

你可能会发现不可能完全自动化你的部署操作——那也没关系。依赖于实际行动或第三方的部署有时就是不可能完全自动化的。你只需尽力通过自动化周围的一切来缩小阻断任务的边界。

8.5.2 部署的原子性

安装脚本通常涉及多个步骤，不要假设每一步都能成功执行。计算机磁盘空间耗尽、在错误的时间重新启动或者有意外的文件权限，这些问题都有可能发生。如果脚本假定安装位置为空，则部分部署的应用程序可能会导致将来的部署失败。为了避免失败的那部分部署操作，应使部署要么全部完成要么什么都没做（即原子性）。部分部署的安装不应该部分去取代之前的成功安装，而且即使在之前的安装尝试突然终止的情况下，也应该可以将同一个软件包多次安装到同一台计算机上。

使部署原子化的最简单方法之一是在与旧版本不同的位置上安装软件，不要覆盖任何东西。一旦软件包被安装了，一个快捷方式或软链接就可以被原子化地翻转。在新的位置安装软件包还有一个好处，那就是回滚将变得更加容易——只需再次指向旧的版本。在某些情况下，同一软件的不同版本可以在同一台计算机上同时运行。

8.5.3 独立地部署应用

顺序部署，即一个应用程序的部署需要先升级另一个应用程序，这是在有许多应用程序或服务相互通信的软件中常见的问题。开发人员要求运维人员要在一个应用程序之前部署另一个应用程序，或者使几个系统离线以执行升级任务。务必避免顺序部署的需求。顺序部署的需求会减慢部署速度，因为应用程序必须相互等待。在两个应用程序相互依赖升级的情况下，排序也会导致冲突。

构建可独立部署的应用程序。不依赖顺序部署的软件必须向后和向前兼容。例如，通信协议必须继续允许较新和较旧的版本相互操作。兼容性会在第 11 章有更多讨论。

当依赖关系不可避免时，使用在下面讨论的展开环节的相关技术来安全地进行不按顺序的部署。在部署时暂时先封住你的变化内容，并在之后以特定的顺序解开它们，这比执行按顺序的部署更快捷、更简单。

通过内部论坛页面进行部署

LinkedIn 曾经手动发布其网络服务。开发人员和网站可靠性工程师参加预发布会议，宣讲哪些服务和配置的变化需要被部署，并由一个大型的内部论坛页面来记录部署信息。

然后，发布经理把要部署的服务拆分成几个环节。开发人员没有正确地管理兼容性，所以一些服务必须在其他服务之前展开。在某些情况下，服务甚至互相调用，形成了一种循环的依赖关系。一次部署竟然有 20 多个部署环节。

在部署当晚，每个人都登录互联网中继聊天（internet relay chat，IRC）频道，以监控部署。网站可靠性工程师煞费苦心地将构件复制到生产环境的计算机上，重新启动服务，并运行数据库迁移脚本。一步一步地，部署工作持续到凌晨。

这是一种可怕的处境。部署很缓慢，而且成本很高，因为它们必须手动完成。除了简单的脚本之外，自动化也很困难。如果一个服务部署失败，所有的下游服务就无法进行。开发人员必须赶在后续阶段进行之前手动验证部署内容的正确性。部署是令人恼火的、紧张的和乏味的。

LinkedIn 最终禁止了这种顺序部署的方式。服务必须支持独立部署，否则就不允许交付。这项禁令产生了大量的工作——服务、测试、工具和部署流程都必须改变，但部署是完全自动化的。开发人员能够按照他们自己的节奏交付软件——如果他们愿意，每天可以交付许多次。网站可靠性工程师也不必再照看部署工作，每个人都有了更多的睡眠时间。

8.6 展开环节

一旦新的代码被部署了，你就可以解开它（也就是展开）。一下子把所有东西都换成新的代码是有风险的。再多的测试都不会消除潜在的错误，而且一次性向所有的用户展开代码会同时对每个人造成损害。相反，最好是可以逐步地展开新版本，并监测健康指标。

在展开环节有许多策略：特性开关、熔断器、"摸黑启动"、"金丝雀部署"和"蓝绿部署"。

特性开关允许你控制收到一个代码路径的用户与收到另一个代码路径的用户的比例。当出现问题时，熔断器会自动切换代码路径。摸黑启动、金丝雀部署和蓝绿部署可以让你同时运行多个部署版本。如果使用得当，这些模式可以降低危险变化的风险。不过，不要"疯狂"地使用复杂的展开策略，它们会增加操作复杂性。运维人员和开发人员必须同时支持多个代码版本，并跟踪哪些特性被打开或关闭了。在你的工具箱中保留精心设计的展开策略，以应对更大规模的更改。

8.6.1　系统监控

当新代码被激活后，监测健康指标，诸如错误率、响应时间和资源消耗，监测可以手动或自动完成。先进的发布管道会自动向更多的用户展开系统的变化，或者根据观察到的统计数字将变化回滚。即使在一个完全自动化的过程中，人们也应该密切关注统计数据和展开的进展。更常见的是，增加或减少的决定仍然是由人们参考日志和系统指标而做出的。

你需要提前指定一般健康指标是什么标准。服务水平指标（service level indicators，SLI）指表明服务健康状况的指标，在第9章有更多的讨论。注意这些指标是否有退化的迹象，想一想你期望在指标或日志中看到什么才真正代表刚部署的内容正在正常运行着，验证你所期待的事情是否真正发生了。

记住，当代码被提交时，你的工作还没有完成；而当代码被展开时，它仍然没有完成。在指标和日志显示你的修改被成功运行之前，不要开香槟庆祝。

8.6.2　特性开关

特性开关（feature flag，有时称为特性切换或代码分割）允许开发人员控制新代码何时发布给用户。代码被包裹在一个 `if` 语句中，该语句检查一个标志位（由静态配据设置或来自动态服务），以确定应该运行哪个分支的代码。

特性开关可以是"开"和"关"的布尔型的值、允许列表、基于百分比的斜坡、甚至是小型函数。布尔值将为所有用户切换该特性。允许列表为特定用户打开标注好的特性。基于百分比的斜坡允许开发者为更大范围的用户慢慢打开该特性，通常从公司拥有的测试账户开始，然后在进行基于百分比的增量发布之前，先向单个用户倾斜。函数根据输入的数动态地确定开关，通常在用户请求时就传入。

特性开关管理的代码在状态突变时需要被特别注意。数据库通常不受特性开关的控制。新代码和旧代码都会处理相同的表。你的代码必须是向前和向后兼容的。当某个特性被关闭时，状态并不会消失。如果为用户禁用了某项特性，然后又重新启用了该特性，那么在该特性被禁用时做出的任何状态上的变化应该仍然存在。有些变化（如数据库的改变）并不适合逐步展开，必须要特别小心地协调。如果可能的话，隔离与特性开关相关联的数据，在所有的开关状态下测试你的代码，并编写脚本来清理回滚的特性数据。

请确保清理那些已经被完全淘汰或不再使用的旧特性开关。充满特性开关的代码很难推理，甚至会导致 bug。例如，关闭一个已经开启了很长时间的特性，就会造成很大的破坏。清理特性开关需要有纪律性：创建任务票，以便在将来删除旧的标志。清理特性开关就像重构一样，应该渐进地、适时地进行清理。

特性开关有时被用于 A/B 测试，这是一种测试用户对新特性反应的技术。如果以具有统计意义的方式对用户进行分组，用特性开关进行 A/B 测试是可行的。除非开关分发系统为你创建水桶测试用到的桶[①]，并由数据科学家运行你的实验，否则不要尝试用特性开关进行 A/B 测试。

8.6.3 熔断器

大多数的特性开关是由人类控制的。而熔断器是一种特殊的特性开关，由运维事件（如延迟的峰值或异常）控制。熔断器有

---

① 桶测试（bucket testing）通常来说是用于测试游泳池是否存在漏水行为的一种比较测试。即将一桶水放到泳池中，分别标明内外水位，放置一段时间后，如果外部水位明显下降（超过某个指定高度），则证明泳池漏水。这种测试和软件测试没有什么直接关系，但是它是一种两个方案之间的对比性测试，可以用于识别薄弱环节。

几个特点：它是二进制的（开/关）、永久性的，而且是自动化的。

熔断器用来防止性能下降。如果超过了延迟的阈值，某些特性可以被自动禁用或限制速率。同样，如果日志显示出异常行为——程序异常或日志详细程度的飙升，也可以触发熔断。

熔断器还可以防止永久性损坏。采取不可逆行动的应用程序，如发送电子邮件或从银行账户中转账，在不清楚是否可以继续进行的情况下可以使用熔断器。数据库也可以通过切换到只读模式来保护自己。许多数据库和文件系统在检测到磁盘损坏时，就会自动这样做。

8.6.4 并行的服务版本梯队

将新版本的网络服务与旧版本一起部署是具有可行性的。软件包可以放在同一台计算机上或部署在崭新的硬件上。平行部署可以让你缓慢地升级，以降低风险，并在出错时快速回滚。你应该使用类似于特性开关的机制，将一定比例的服务呼叫请求从旧版本转移到新版本，但开关是在应用程序的入口点——通常是负载均衡或代理。金丝雀部署和蓝绿部署是两种非常常见的并行部署策略。

金丝雀部署用于处理高流量并会部署到大量实例的服务。一个新的应用程序版本被首先部署到一组受限的计算机上，全部用户中的一个小的子集会被路由到这个金丝雀版本。图8-6所示的是金丝雀版本服务1.1接收到1%的入站流量。就像煤矿中的金丝雀（用于检测危险气体而存在），金丝雀部署的是新应用版本的早期预警系统。运转不良的金丝雀版本只会影响一小部分用户，当遇到错误时，他们可以被迅速地返回旧版本。

蓝绿部署指的是运行两个不同版本的应用程序：一个是主动的，一个是被动的。图8-7所示的是一个运行着服务1.0的被动集群（被称为蓝色）和一个运行着服务1.1的主动集群（被称为绿色）。新版本被部署到被动环境中，当它准备好时，流量被切换到新版本，它就变成了主动的，而以前的版本则变成了被动的。像金丝雀部署一样，如果新版本有问题，流量可以被切换回来。与金丝雀部署不同的是，流量的切换是原子化的，蓝色和绿色环境尽可能地保持一致。在云环境中，一旦版本被认为是稳定的，被动环境通常会被销毁。

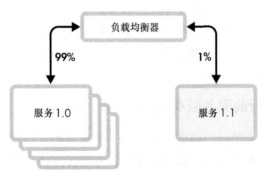

图 8-6　在金丝雀部署中，负载均衡器将一部分入站流量路由到新的部署中

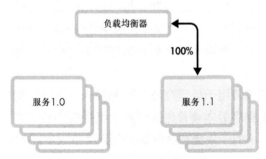

图 8-7　在一个蓝绿部署中，服务 1.0 被保留下来，
作为服务 1.1 发生故障时的备用

　　当流量不容易被划出子集或者无法并行运行不同的版本时，蓝绿部署就派上了用场。与金丝雀部署不同的是，每个环境必须能够处理 100% 的用户流量。在灾难场景中，所有的用户都需要从一个有问题的系统中迁移出来，有能力快速启动并运行一个并行的环境善莫大焉。

像特性开关一样，与数据库和缓存状态存在交互的并行部署需要特别注意。两个版本的应用程序都必须能很好地相互配合。所有模式都必须贯彻向后和向前兼容。这个主题将在第 11 章中进一步讨论。

8.6.5 摸黑启动

特性开关、金丝雀部署和蓝绿部署都只面向一部分用户展开代码，并在出现问题时提供缓解机制。摸黑启动（有时被称为影子流量）将新的代码暴露在真实的流量中，而不使其对终端用户可见，即使代码是坏的，也没有用户受到影响。

摸黑启动的软件其实仍然启用了，代码也被调用了，只是结果被丢掉了。摸黑启动可帮助开发者和运维人员在生产环境中了解他们的软件，对用户的影响最小。每当你发布特别复杂的变化时，就可以利用摸黑启动的优势。这种模式对于验证系统的迁移特别有效。

在摸黑启动模式下，应用程序的代理位于实时流量和应用程序之间。该代理重复向影子系统发出请求，对不同系统根据相同请求做出的响应进行比较，并记录差异。只有生产环境下的系统响应被发送到用户手中。这种做法允许运维人员在不影响用户的情况下观察他们在真实流量下的服务。当只有读取流量被发送到系统，而没有数据被修改时，系统被称为处于"暗中读取"模式。某个系统在暗中读取模式下运行时，可能使用与生产系统相同的数据存储。当写入请求也被发送到系统中，并且使用一个完全独立的数据存储时，它被认为处于"暗中写入"模式。图 8-8 所示的是这两种模式。

由于同一请求有两次操作，一次在生产系统，一次在影子系统，你应该注意避免与重复相关的错误。影子系统的流量应该从用户分析中被排除，而且必须避免双重计费等副作用。可以通过修改头信息来标记需要被排除的请求，以突出影子流量。一些服务网格（如

Istio）和 API 网关（如 Gloo）都对这些操作有内置支持。

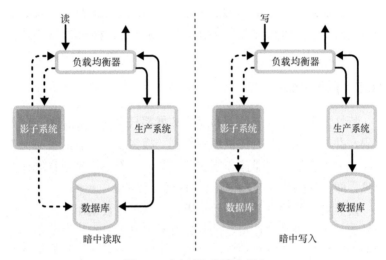

图 8-8 暗中读取和暗中写入

你可以用摸黑启动做各种很酷的事情。例如，开源工具 Diffy 向后端服务的 3 个实例发送影子流量：两个运行生产版本的代码，一个运行新的候选版本的代码。Diffy 比较新版本和旧版本的响应，以确定所有的差异，并比较两个旧版本的响应，以确定随机波动的噪声。这使得 Diffy 能够自动识别出预期的差异，并消除误报。

我们希望它更黑

在 Twitter 快速发展时期发生的一系列组织变化中，Twitter 的一项关键服务陷入了失修状态。该服务已经积累了大量的技术债，但额外的特性需求还在不断涌现。每一项交付到生产环境的变更都有风险——服务的测试特别棘手，刁钻的案例不断出现。不得不独自面对棘手局面的工程师被压得喘不过气来。他们的很多时间都花在了调试和修复生产问题上。频繁的错误拖慢了更新的速度，这使得待发布的特性积压得越来越多。这不仅增加了压力，还使得降速和重构变得更加困难——同时新特性使代码库变得更加复杂。

最终，由于另一个组织发生了变动，工程师和服务资源都加入了德米特里的团队。在评估情况后，团队的技术负责人宣布现状无法维持：团队必须停止推出新特性，并解决技术债的问题。维护该系统的工程师有很多改进服务的想法，但即使是微小的变化似乎也会在生产环境中引发意想不到的问题。

该团队决定首先聚焦在生产环境的稳定性上，准备通过"暗中写入"来实现。他们在两周内实现了 Diffy 方法的一个变种——比较流中的对象而不是 HTTP 响应。服务现在有了一张安全网，团队让一个新的版本"烤"多久都可以，分析它产生的数据中的任何意外差异。他们可以摸黑启动一项变更，让用户流量来告诉他们那些边缘案例，并捕捉它们，添加测试用例以解决相应问题，然后再次尝试。

测试套件增加了，开发周期也加缩短了，而且团队对发布有了更多的信心。负责该服务的工程师说，他们感觉如释重负。对代码库的改进可以很快着手，重构代码库，提高性能，甚至增加新的特性。黑夜带来了黎明——暗中写入的模式使太阳最终升起。

8.7 行为准则

需要做的	不应该做的
➤ 使用基于主干的分支模式并在可能的条件下持续集成	➤ 发布未署版本号的包
➤ 使用 VCS 工具来管理分支	➤ 把配置、模式、图片和语言包一并打包在一起

> ➤ 与发布和运维团队合作为你的   ➤ 盲目地依赖发布经理和运维团队
> 应用建立正确的流程

> ➤ 一并发布变更日志和发行说明   ➤ 使用 VCS 来分发软件

> ➤ 在新版发布时通知用户   ➤ 更改已经发布的软件包

> ➤ 使用现成的工具来自动化部署   ➤ 在没有监控结果的情况下执行
> 展开步骤

> ➤ 使用特性开关逐步推出更新   ➤ 依赖于顺序部署

> ➤ 使用熔断器防止应用造成重大
> 的破坏

> ➤ 使用影子流量或摸黑启动来进
> 行重大变更

8.8 升级加油站

艾玛·简·霍格宾·韦斯特比的《Git 团队协作：掌握 Git 精髓，解决版本控制、工作流问题，实现高效开发》（*Git for Teams：A User-Centered Approach to Creating Efficient Workflows in Git*，已由人民邮电出版社于 2017 年引进出版）对分支策略做了更详细的介绍。这是一本很好的基础读物，即使你不使用 Git，也依然有价值。

耶斯·亨布尔和戴维·法利的《持续交付：发布可靠软件的系统方法》（*Continuous Delivery: Reliable Software Releases through Build, Test, and Deployment Automation*，已由人民邮电出版社于 2011 年引进出版）对本章所涉及的主题进行了深入的研究。如果你花了很多时间在发布工程上，请阅读这本书。如果阅读时间较短，谷歌的《SRE：Google 运维解密》在第 8 章涵盖了发布工程。

迈克尔·尼加德的《发布！设计与部署稳定的分布式系统（第 2 版）》（*Release It! Design and Deploy Production-Ready Software 2nd*，已由人民邮电出版社于 2020 年引进出版）对我们书中第 8

章和第 9 章讨论的运维主题进行了广泛的探讨。尼加德的书还花了大量的篇幅介绍便于运维的软件设计模式，我们在第 4 章讨论了这个话题。我们强烈推荐从事网络服务的开发者实践这本书。

　　亚马逊的构建者库也是一个伟大的免费资源，可用于交付最佳实践。该库位于亚马逊构建者的主页，那上面有关于持续交付、自动部署和回滚的帖子。

第 9 章

On-Call

许多公司会要求工程师参与 On-Call 轮换。On-Call 工程师是应对计划外工作的第一道防线，无论是生产环境问题还是临时支持请求。将深度工作与运维工作分开，可以让团队中的大多数人专注于开发任务，而 On-Call 工程师只需专注于不可预知的运维难题和支持任务。高效的 On-Call 工程师被他们的队友和管理者所珍视，他们在 On-Call 轮换建立的关系和提供的学习机会中迅速成长。

本章包括你参与 On-Call 工作、事故处理和支持工作所需的基本知识和技能。我们将解释 On-Call 轮换是如何进行的，并会教你重要的 On-Call 技能。然后，我们将深入研究一个真实世界的案例，给你提供一个如何处理此类事故的实际例子。事故发生后，我们会教你如何进行支持工作的最佳实践。On-Call 的经历可能会导致倦怠，所以我们在本章结尾时对"成为英雄"的诱惑提出了警告。

即使你所处的角色并不存在 On-Call 轮换，你也要阅读本章。On-Call 技能适用于任何紧急状况。

9.1 On-Call 的工作方式

On-Call 的开发人员根据时间表进行轮换。轮换的时间可以短至一天，但更多时候可能是一周或两周。每名合格的开发人员都会参与到轮换工作中。新加入团队的或缺乏必要技能的开发人员通常被要求"跟随"几名主要的 On-Call 轮值人员，以了解情况。

有些时间表会安排一名主要责任人和一名辅助的 On-Call 人员，辅助 On-Call 人员在主要责任人无法完成任务时充当替补。（不用说，那些经常导致辅助 On-Call 人员介入的开发人员是不被看好的。）一些组织会有分层的响应结构：支持团队可能首先被提醒，然后问题会被升级到运维工程师，接着是开发团队。

On-Call 人员的大部分时间用来处理临时性的支持请求，如bug 报告、关于他们团队的软件如何运行以及使用的问题。On-Call 人员对这些请求进行分流，并对最紧急的请求做出响应。

然而，大概每名 On-Call 人员最终都会遇到一起运维事故（生产软件的关键问题）。事故是由自动监控系统发出的警报或由支持工程师观察到问题并报告给值班人员的。On-Call 的开发人员必须对事故分流、缓解症状和最终解决。

当关键警报发生时，On-Call 的开发人员会被呼叫。"呼叫"是手机出现之前的一种过时的称呼。现在，警报是通过聊天软件、电子邮件、电话或文本信息等渠道发出的。如果你像我们一样，不接听任何来自未知号码的电话，请确保将警报服务的电话号码添加到你的联系人白名单。

所有的 On-Call 轮换的工作都应该以交接开始和结束。上一名 On-Call 的开发人员总结当前的所有运维事故，并为下一名 On-Call 的开发人员提供任何未解决任务的背景。如果你已经很好地跟踪了你的工作，交接工作就不是什么大事了。

9.2　On-Call 技能包

　　参与 On-Call 工作可能是一种应接不暇、高压力的体验。幸运的是，你可以运用一套通用的技能来应对事故和支持请求。你需要让自己处于随时响应的状态，并留意到事故的发生。你还需要对工作进行优先排序，以便首先完成最关键的任务。清晰的沟通是必不可少的，你需要写下你在做什么。在本节中，我们将给你一些提示，帮助你提高这些技能。

9.2.1　随时响应

　　"你最好的能力是随时响应。"这句老话是成功 On-Call 的关键。On-Call 人员的工作是对请求和警报做出回应。不要忽视请求或试图隐瞒。你需要期待被打断，并自我预期你在 On-Call 时不能做那么多深入工作。

　　一些 On-Call 的开发人员被要求保持"24×7"手边有计算机（尽管这并不意味着整晚不睡觉，等待警报响起。这只是说可以联系到你，能够做出响应，并且可以适度地调整你的非工作计划）。较大的公司有"跟随太阳"的 On-Call 轮换机制，随着时间的推移，轮换到不同时区的开发人员。弄清楚 On-Call 的期待结果是什么，不要陷入你无法回应的境地。

　　"随时响应"并不意味着立即放下你正在做的事情来解决最新的问题。对于许多请求，完全可以先承认你已经收到了询问，并回答你应该在什么时候能看一下这个问题："我现在正在协助其他人，我可以在 15 分钟内给您答复吗？"一般来说，人们希望 On-Call 工程师能做出快速反应，但不一定需要快速解决问题。

9.2.2　保持专注

　　与值班工作相关的信息会通过许多渠道传递过来：聊天软件、

电子邮件、电话、短信、任务票、日志、系统指标、监控工具甚至是会议。注意这些渠道,这样你在调试和排除故障时就会有背景信息。

主动阅读列出软件部署或更改配置等操作信息的发行说明、聊天或电子邮件的频道。密切关注聊天室,在聊天室里,运维团队会讨论观察到的不寻常状况,并宣布他们正在进行的调整。阅读会议记录,特别是跟踪当天的事故和维护的运维团队摘要。在后台或附近的电视上展示运维信息的仪表盘,这样你就可以建立一个正常行为的基础线。当事故发生时,你就能知道哪些图表会看起来很奇怪。

创建一个你在紧急情况下可以依赖的资源清单:可以直接链接到你的服务的关键仪表盘和运行手册、访问日志的说明、重要的聊天室,以及故障排除指南。创建一个单独的"On-Call"书签文件夹,并保持更新,这会很方便。与团队分享你的清单,以便其他人可以使用和改进它。

9.2.3　确定工作优先级

首先处理优先级最高的任务。随着任务的完成或受阻,你可以依次从最高优先级到最低优先级展开工作。当你在工作时,警报会响起,新的问题也会出现。你需要迅速地对干扰进行分流:至于是暂时把它放在一边还是马上着手,这取决于事故的紧急程度。如果新请求的优先级高于你当前的任务,但并不那么重要,那你就可以先努力完成你当前的任务,或者至少在切换工作的背景信息之前让它达到一个好的停顿点。

有些支持请求异常紧急,而有些请求则在一周内完成就可以。如果你无法判断一个请求的紧急程度,请询问该请求的影响是什么。影响范围将决定优先级。如果你不认可请求者对于某个问题的优先级次序的看法,请与你的管理者讨论一下。

On-Call 工作是依照优先级分类来进行的。P0、P1、P2,依此类推。将工作按类别进行优先级排序有助于界定任务的紧迫性。具体的类别名称和含义因公司而异，但 P0 任务是大的任务。谷歌云的支持优先级梯队提供了一个如何定义优先级的例子（你可以在谷歌云的技术支持页面找到相关说明）。

- P1：严重影响（critical impact）——服务在生产环境中无法使用。
- P2：高影响（high impact）——服务的使用受到严重损害。
- P3：中等影响（medium impact）——服务的使用部分受损。
- P4：低影响（low impact）——服务完全可用。

服务水平指标、服务水平目标和服务水平协议也都有助于确定运维工作的优先次序。服务水平指标（SLI）如错误率、请求延迟和每秒请求数，是了解一个应用程序是否健康的最简单的方法之一。服务水平目标（service level objective，SLO）为健康的应用程序行为定义了 SLI 的目标。如果错误率是某个应用程序的 SLI，SLO 可能是请求错误率低于 0.001% 的。服务水平协议（service level agreement，SLA）是关于越过 SLO 范围时将会发生什么的协议。（违反 SLA 的公司通常需要返还资金，甚至可能面临合同终止。）了解你的应用程序的 SLI、SLO 和 SLA，SLI 将为你指出最重要的指标，SLO 和 SLA 将帮助你确定事故的优先次序。

9.2.4　清晰的沟通

在处理运维任务时，清晰的沟通至关重要。事情发生得很快，沟通不畅会造成重大问题。为了可以清晰地进行沟通，要有礼貌、直接、反应迅速，并且彻底。

在一连串的运维任务和干扰之下，开发人员会感到压力和变得暴躁——这是人的本性。在对支持任务进行回应时要有耐心和礼貌，虽然这可能是你一天中的第十次被迫中断，但这可能是请求者与你的第一次互动。

用简洁的句子进行沟通。直接的沟通方式可能会让人感到不舒服，但直接并不意味着粗鲁。简洁确保你的沟通容易被阅读和理解。如果你并不知道答案，就说出来；如果你知道答案，就大声说出来。

回应请求要迅速。回应不一定代表解决方案。告诉请求者你已经看到了他们的请求，并确保你理解问题所在。

> 谢谢您联系我。确认一下：登录服务是从配置文件服务中接收到 503 响应码的吗？您说的不是认证，对吗？它们是两个独立的服务，但名字很容易混淆。

定期发布状态更新。更新内容应该包括自上次更新以来你的新发现以及你的下一步计划。每次更新时，提供一个新的时间预估。

> 我刚看了一下登录服务。我没有看到错误率激增，但我会看一下日志，然后再给您答复。期待一小时后的更新。

9.2.5 跟踪你的工作

记录下你在工作中所做的事情。你在 On-Call 期间所做的每一件任务都应该记录在问题跟踪工具或团队的 On-Call 日志中。在工作过程中，通过在每个任务票中写下更新内容来跟踪进度。在任务票中包含缓解或解决该问题的最后步骤，这样，如果该问题再次出现，你就会有解决方案的记录。当你在工作中断后回到任务票上时，跟踪进度可以提醒你回想起你在离开时的状态。下一名 On-Call 人员可以通过阅读你的任务票看到正在进行的工作状态，而那些被你寻求过帮助的人都可以阅读日志来追赶最新进度。记录下来的问题和事故还可以创建一个可供搜索的知识库，供未来的 On-Call 人员参考。

　　一些公司使用 Slack 这样的聊天频道来处理运维事故和支持工作。聊天是一种很好的沟通方式，但聊天记录在以后很难被阅读，所以要确保在任务票或文档中总结一切。不要害怕把支持请求转发到适当的渠道。直接一点儿："我现在就开始研究这个问题。你能不能建一张任务票，以便在我们可以在评估支持工作量时将其计算在内？"

　　关闭已解决的问题，这样悬而未决的任务票就不会在 On-Call 的看板上留下痕迹，也不会使 On-Call 支持的系统指标出现偏差。在关闭任务票之前，需要请求者确认他们的问题都已经得到了解决。如果请求者没有回应，就说你将在 24 小时内因缺乏回应而关闭该任务票，然后真的这样做。

　　始终在你的笔记中包含时间戳。时间戳有助于操作人员在调试问题时将整个系统的事故联系起来。当用户在下午 1:05 开始报告延迟时，知道某项服务在下午 1 点被重新启动了是很有价值的。

9.3　事故处理

　　事故处理是 On-Call 人员最重要的职责。大多数开发人员认为处理事故是为了解决生产问题。解决问题确实很重要，但在关键事故中，第一个目标是减轻问题的影响并恢复服务。第二个目标是捕捉信息，以便以后分析问题是如何发生以及为什么发生的。确定事故的原因，证明它是罪魁祸首，并解决根本问题——只是你的第三个目标。

　　事故响应分为以下 5 个阶段。

- **分流（triage）**：工程师必须找到问题，确定其严重性，并确定谁能修复它。
- **协同（coordination）**：团队（以及潜在的用户）必须得到这个问题的通知。如果 On-Call 人员自己不能解决这个问题，他们必须提醒那些能解决的人。

- **应急方案（mitigation）**：工程师必须尽快让事情稳定下来。缓解并不是长期的修复，你只是在试图"止血"。问题可以通过回滚一个版本、将故障转移到另一个环境、关闭有问题的特性或增加硬件资源来缓解。

- **解决方案（resolution）**：在问题得到缓解后，工程师有一些时间来喘口气、深入思考，并为解决问题而努力。工程师将继续调查问题，以确定和解决潜在的问题。一旦眼前的问题得到解决，事故也就得到了解决。

- **后续行动（follow-up）**：对事故的根本原因——为什么会发生，进行调查。如果事故很严重，就会进行正式的事后调查，或进行回顾性调查。建立后续任务，以防止那个（或那些）根本原因的再次出现。团队要寻找流程、工具或文档中的任何漏洞。在所有的后续任务完成之前，相应事故的处理不应该被认为已经结束了。

事故响应的各个阶段听起来很抽象。为了使事情更清楚，我们将带你了解一起真实的事故，并在进行了解的过程中指出不同的阶段。这起事故发生于当数据无法加载到数据仓库时。数据仓库是为报表和机器学习提供分析查询的数据库。这个特定的数据仓库是通过实时信息传递系统中的更新流来保持最新的。连接器从流式系统中读取消息，并将其写入仓库。数据仓库中的数据被整个公司的团队用于内部和面向客户的报告、机器学习、应用程序调试等。

9.3.1　分流

通过观察问题的影响来确定问题的优先级：它影响了多少人，有多大的危害性？在 SLI 和触发警报的指标（如果适用的话）的帮助下，使用你公司的优先级分类和 SLO/SLA 定义来确定问题的优先级。

真实世界的例子

当系统监控检测到消息系统中的数据在数据仓库中不存在时，运维团队会被呼叫。该事故触发了第一个 On-Call 步骤：分流（确认问题并了解其影响，以便对其进行适当的优先排序）。On-Call 工程师确认了该呼叫，并开始调查该问题以确定优先级。由于警报显示用于生成客户报告的表格中缺少某些数据，他们认为这个问题具有高优先级。

现在分流阶段已经结束。工程师承认了这个警报，并确定了优先级，但没有试图解决问题。他们只是看了看哪些表受到了影响。

如果你在确定问题的严重性方面有困难，请寻求帮助。分流不是证明你能自己解决问题的时候，最宝贵的是争取时间。

同样，分流也不是排除故障的时候。在你排除故障的期间，你的用户将会继续"受苦"。把故障排除留给提出应急方案和解决方案的阶段。

9.3.2 协同

真实世界的例子

这时，On-Call 工程师转入协同模式。他们在运维专用的聊天频道中发布公告，称他们观察到面向客户的数据表中出现了数据缺口。粗略的调查显示，将数据导入数据仓库的连接器正在运行，而且日志中没有显示出任何故障信息。

On-Call 工程师向该连接器的开发人员寻求帮助，并拉来另一位有连接器经验的工程师。

> On-Call 工程师直属的工程经理作为事故经理介入后续调查。该团队向公司发送了一封电子邮件，通知大家数据仓库里有几张表的数据丢失。事故经理与客户管理和运维部门合作，在面向客户的状态页面上发布通知。

协同阶段首先要弄清楚谁在负责。对于低优先级的事故，由 On-Call 人员负责并进行协调。对于较大的事故，将由"事故指挥官"负责。指挥官要跟踪谁在做什么，以及当前的调查状况如何。

一旦有人负责，必须将该事故通知所有相关方。联系应急方案或解决方案所需的所有人——其他开发人员或 SRE。内部利益相关者，如技术客户经理、产品经理和支持专家都可能需要被通知。对于受影响的用户，可能需要通过状态页面、电子邮件、社交媒体等方式来进行提醒。

许多不同的对话会并行发生，这使得我们很难跟踪所发生的事情。大型事故设有专门的"作战室"来帮助沟通，"作战室"是用于协调事故响应的虚拟或物理空间。所有相关方都加入作战室，以协同响应。

在一个中心位置跟踪书面形式的交流：任务票的管理系统或聊天频道。沟通可以帮助每个人跟踪其进展，使你不必不断地回答状态问题，防止重复工作，并使其他人能够提供有用的建议。分享你的观察和行动，并在你做之前说明你要做什么。即使你是一个人在工作，也要交流你的工作——有人可能会稍后加入并发现你记录的日志大有所益，详细的记录将有助于事后重建时间线。

9.3.3 应急方案

> **真实世界的例子**
>
> 在发送通知的同时，工程师们着手构建应急方案。他

们决定弹出（重启）连接器，看它是否变得不受约束（解锁），但问题仍然存在。堆栈存储显示连接器在读取和反序列化（解码）消息。运行连接器的计算机有一个完全饱和的 CPU（100%的使用率），所以工程师们猜测连接器被一个庞大的或损坏的消息卡住了，导致它在反序列化过程中耗尽了所有的 CPU 资源。

工程师们决定尝试通过启用第二个连接器来缓解这个问题，这个连接器只载有已知完好的数据流。目前共有 30个数据流，工程师们不知道哪些数据流包含"坏消息"。他们决定用二分法搜索来定位损坏的数据流：先增加一半，然后根据连接器的行为来调整这组数据。最终，该团队找到了导致问题的流。连接器用所有健康的数据流重新启动，他们的表数据也追赶上来了。现在问题的影响只限于一个流和一个表。

你在应急方案的阶段目标是降低问题的影响。应急方案并不是要彻底地解决这个问题，而是要降低其严重性。修复一个问题可能需要很多时间，而应急方案通常可以很快完成。

事故的应急方案通常是将软件版本回滚到"最后已知良好"的版本，或将流量从问题上转移开。根据不同的情况，缓解措施可能涉及关闭一个特性开关、从资源池中移除一台计算机，或回滚一个刚刚部署的服务。

在理想的情况下，你所使用的软件会有一个针对该问题的运行手册。运行手册是预定义好的分步指示，以应对常见的问题，并执行诸如重新启动和回滚等操作。请确保你知道在哪里可以找到运行手册和故障排除指南。

在你努力执行应急方案的同时，捕捉你能捕捉到的数据。一旦问题得到了缓解，可能就很难重现了。快速保存遥测数据、堆栈痕迹、堆转储、日志和仪表板的截图都将有助于以后的调试和分析根本原因。

在试图减轻问题的同时，你经常会发现系统指标库、工具和配置方面的不足。重要的指标可能会缺失，不正确的权限可能被授予，或者系统可能被错误地配置。迅速写下你发现的任何不足——可以使你在排除故障时处理得更游刃有余，在后续行动的阶段新建任务票以解决这些不足。

9.3.4　解决方案

真实世界的例子

工程师们现在进入了提出解决方案的阶段。某个流似乎包含一条"坏消息"，这个流的数据仓库表中仍然没有得到数据。

工程师们从原来的连接器中移除所有健康的数据流，试图重现这个问题。团队现在可以看到连接器被卡住的信息了，所以他们使用命令行工具手动读取信息。一切看起来都还好。

在这一点上，团队有一番顿悟——为什么命令行工具可以读取信息，而连接器却不能呢？看来，连接器包括一些在命令行工具中没有使用的代码——一个漂亮的针对日期型的反序列化工具。日期型的反序列化工具使用复杂的逻辑来推断消息头的数据类型（整数、字符串、日期等）。命令行工具默认不输出消息头。工程师们在启用消息头的情况下重新运行该工具，发现"坏消息"的头部有一个单键，但却是空值。

消息头的关键提示，消息头是由应用性能管理（APM）工具注入的。APM位于应用程序内部，告诉开发人员某个正在运行着的应用程序的行为：内存使用、CPU使用和堆栈跟踪。工程师们不知道的是，APM守护程序正在向所有消息中注入消息头。

　　该团队联系了外部支持。流媒体系统的支持工程师告诉团队，命令行工具有一个 bug: 它不会输出包含空尾字节字符串的消息头。工程师们认为，头文件中的一些字节导致了类型推断被卡住。

　　该团队在连接器中禁用头解码，以测试该理论。最后剩下的那张表的数据被迅速地加载到数据仓库中。现在所有的表都是最新的，监视器开始提示他们的数据质量检查已经通过。团队通知支持渠道解决了这个问题，并更新面向客户的状态页面。

　　一旦完成了应急方案，事故就不再是紧急事故了。你可以花时间来排除故障并解决根本问题。在我们的例子中，一旦面向客户的数据流恢复了，优先级就会下降。这给了工程师们喘息的机会，使他们能够调查问题。

　　在解决方案的阶段，重点关注眼前的技术问题。重点关注在没有应急方案环节中所采取的临时措施的情况下需要恢复什么，将更大的技术和流程问题留待后续行动的阶段来处理。

　　使用科学方法来排除技术问题的故障。谷歌的《SRE：Google 运维解密》一书中的第 12 章提供了一个科学方法的假设——演绎模型。检查问题，做出诊断，然后测试和"治疗"。如果治疗成功，问题就被"治愈"了；如果不成功，你就重新检查并重新开始。在我们的例子中，团队应用了科学方法，他们形成了一个假设，即连接器有反序列化的问题，并没有真正丢弃数据。他们查看了系统指标，并用二分法进行了检索，以找到坏流。如果他们一无所获，团队将需要重新提出一项新的假设。

　　在理想情况下，你可以隔离一个有问题的程序实例，并检查其错误行为。我们的连接器例子中的工程师就是这样做的，他们把坏流隔离到一个单独的连接器中。在解决方案的阶段，你的目标是了解问题的症状，并努力使其可重复。使用你所掌握的所有运维数据：系统指标、日志、堆栈跟踪、堆转储、变更通知、问题票和沟通渠道。

一旦你对症状有了清晰的认识，通过寻找原因来诊断问题。诊断是一种搜索，像任何搜索一样，你可以使用搜索算法来排除故障。对于小问题，线性搜索即从前到后检查组件是可行的。在更大的系统上使用分片检索或二分法搜索（也称为半分法），即在调用堆栈的一半的位置上设置一个断点，看看问题是在上游还是在下游。如果问题在上游，就在上游的一半位置上再挑选一个新的组件；如果问题在下游，就反过来做。不断地迭代，直到你找到你认为发生问题的那个组件。

接下来，测试你的理论。测试并不是治疗——你还没有解决这个问题。相反，看看你是否能够控制软件的糟糕行为。你能重现它吗？你能改变一个配置使该问题消失吗？如果能，你已经找到了原因。如果不能，你已经排除了一个潜在的原因——回退、重新检查，并提出一个新的理论来测试。一旦连接器例子中的团队认为他们已经将问题缩小到头的反序列化环节，他们就通过在连接器配置中禁用头解码来测试他们的理论。

在测试成功后，你可以决定最佳的处理方案。也许只需要改变配置就可以了。通常，针对一个修复的 bug 需要编码、测试和应用。实际应用解决方案并验证它是否按预期工作。密切关注系统指标和日志，直到你确信一切都稳定了。

9.3.5　后续行动

真实世界的例子

负责连接器的工程经理安排了后续工作，On-Call 工程

师撰写了一份"尸检"文件的草稿。安排一次"尸检"会
议。最终，通过"尸检"这一过程，新开了 3 张任务票，
分别调查为什么 APM 要使用消息头、为什么连接器的消费
者节点不能反序列化、为什么手动的消费者节点不能输出
空字符串的头。

任何事故都是一件大事，所以需要后续行动来继续跟进。目
的是从事故中学习，防止它再次发生。要写一份事后总结的文档，
并进行评审，同时开启新任务以防止其再次发生。

提示

"尸检"这个词是从医学领域里借来的，在医学领域，
当病人死亡后要进行死后检查并写出报告。幸运的是，在
我们的案例中，风险没有那么严重。一个完全可以接受的
替代术语是"回顾"，额外好处是这个术语可以用于其他的
事后讨论，比如我们在第 12 章中讨论的冲刺回顾。

处理事故的 On-Call 工程师会负责起草一份回顾总结的文档，
其中应记录发生了什么、学到了什么，以及需要做什么来防止事
故再次发生。有很多撰写回顾总结的方法和模板。一个很好的例
子是 Atlassian 的回顾总结模板（你可以在 Atlassian 官网的模板分
类下找到更多有用的信息）。该模板有一些章节和例子，描述了事
故的前因后果、故障、影响、检测、响应、恢复、时间表、根本
原因、经验教训和所需的纠正措施。

任何回顾总结文档的关键部分是根本原因分析（root-cause
analysis，RCA）。根本原因分析是利用 5 个"Why"进行的。这种
技巧非常简单：不断地追问为什么。以一个问题为例，问它为什
么会发生。当你得到一个答案时，再问一次为什么；一直问为什
么，直到你找到根本原因。"5W"只是口口相传的经验——大多

数问题要经过 5 次反复才能找到根本原因。

　　问题：数据仓库中的数据缺失。

1. **Why？** 连接器没有加载数据到数据仓库。

2. **Why？** 连接器不能反序列化传入的消息。

3. **Why？** 传入的消息有糟糕的头信息。

4. **Why？** APM 在消息中插入了头信息。

5. **Why？** APM 在开发者不知情的情况下默认了这种行为。

在这个例子中，根本原因是 APM 的意外消息头配置。

　提示

　　　根本原因分析是一个流行但具有误导性的术语。事故很少是由单一的问题引起的。在实践中，这 5 个 "Why" 可能会引向许多不同的原因。这很好，只要把一切都记录下来。

　　在写完回顾总结的文档之后，一位经理或技术负责人会安排与所有相关方举行评审会议。回顾总结文档的作者发起评审，参与者详细讨论每一个部分。作者在讨论过程中发现缺失的信息和新的任务时，就会将其添加进去。

　　在面临高压的情况下，人们很容易生气和互相指责。尽你所能提供建设性的反馈，指出需要改进的地方，但避免指责个人或团队的问题。"彼得没有禁用消息头"是一种指责，而"消息头配置的改变没有经过代码评审"是一个需要改进的问题。不要让事后的总结会变成不健康的发泄会。

　　良好的事后总结会还将"解决问题"与评审会议分开。解决问题和找出如何解决问题都需要很长的时间，并且还分散了会议的目的：讨论问题和分配任务。"消息的头信息很糟糕"是一个问题，而"我们应该把糟糕的消息放到死信队列中"是一个解决方案。任何解决方案都应该发生在后续行动这一阶段的任务中。

　　事后总结会结束后，后续任务必须被完成。如果任务是分配给你的，请与你的管理者和善后小组合作，适当安排任务的优先次序。在所有剩余的后续任务没完成之前，该事故不能被关闭。

旧的回顾总结文档是很好的学习资料。一些公司甚至公开分享他们的回顾总结文档，作为整个社区的宝贵学习资源。看看丹·刘的收藏，以获得灵感（可以在其 GitHub 主页看到整个收藏列表）。你也可以在你的公司找到回顾总结文档的阅读小组。团队聚集在一起，与更多的人一起回顾这些文档。有些团队甚至使用旧的回顾总结文档来模拟生产环境的问题以培训新的工程师。

9.4   提供支持

当 On-Call 工程师不处理事故时，他们会花时间处理支持类的请求。这些请求来自组织内部和外部用户，从简单的"嘿，这个怎么用？"的问题到困难的故障排除类的问题都有。大多数请求是 bug 报告、关于业务逻辑的问题，或关于如何使用你的软件的技术问题。

支持请求遵循一个相当标准的流程。当一个请求进来时，你应该承认你已经看到了它，并提出问题以确保你了解该请求。一旦你掌握了该请求的问题所在，给出下一次更新反馈的预估时间："我将在下午 5 点前给你答复。"接下来，开始调查，并在调查过程中向请求者提供最新信息。遵循我们前面概述的相同的应急方案和解决方案的策略。当你认为问题已经解决时，拜托请求者进行确认。最后，关闭该请求。这里有一个例子。

[3:48 PM] 萨米特：我收到用户的报告，说页面加载很慢。

[4:12 PM] 珍妮特：嗨，萨米特。谢谢你的报告。我可以再得到一些信息吗？你能给我一两个报告速度慢的

用户 ID，以及他们发现问题时的任何特定页面吗？我们的仪表盘并没有显示存在任何大面积的延迟。

[5:15 PM] 萨米特：用户 ID 为 1934 和 12305。页面：运维主页面（/ops）和 APM 图表（/ops/apm/dashboard）。他们说加载时间大于 5 秒。

[5:32 PM] 珍妮特：很好，谢谢。我将在明天早上 10 点之前给你答复。

[8:15 AM] 珍妮特：OK，我想我知道发生了什么。我们昨天下午对 APM 仪表盘的数据库进行了维护。它影响了运维主页面，因为我们在那里也显示了一个汇总信息。维护工作在昨晚 8 点左右结束。你能确认用户已经没有这个问题了吗？

[9:34 AM] 萨米特：棒极了！刚刚与几个报告该问题的用户确认了。现在页面加载情况好多了。

这个例子说明了"重要的 On-Call 技能"中涉及的许多做法。On-Call 人员珍妮特很注意，并让自己可以随时响应。她在第一次请求后的半小时内做出答复。珍妮特通过问清楚问题的现象来了解问题和它的影响，以便她能正确地决定问题的优先次序。当她有足够的信息进行调查时，她就会发布下一次更新的预计完成的时间（estimated time of arrival，ETA）。一旦珍妮特认为该问题已经被解决，她就会通过复述所发生的事情来跟踪她的工作，并要求请求者确认该问题是否不再是一个问题。

由于你"真正的"工作是编程，参与到支持工作中可能会让你分心。把支持工作看成一次学习的机会，你会看到你团队的软件是如何在现实世界中被使用的，以及它失败或使用户感到困惑的方式。回答支持请求会把你带到你不熟悉的代码部分，你必须努力思考和实验。你会注意到导致问题发生的模式，这将帮助你在未来创建更好的软件。参与支持工作的轮岗会使你成为一名更好的工程师。另外，你可以帮助别人、建立关系和自己的声誉。快速、高质量的支持响应不会被忽视。

9.5　不要逞英雄

我们在这一章中花了不少文字鼓励你不要回避 On-Call 的责任和临时的支持请求。我们也想提醒你另一个极端：做得太多。On-Call 的活动会让人感到欣慰。同事们会经常感谢你帮助他们解决问题，管理者们也称赞你有效地解决了事故。然而，做得太多可能会导致倦怠。

对于一些工程师来说，随着他们经验的增加，跳入"救火"模式成为一种条件反射。有天赋的"救火"工程师可以成为一个团队的"万金油"：每个人都知道，当事情变得棘手时，他们只需要去问"救火队员"，就能解决这个问题。依赖"救火队员"是不健康的。"救火队员"如果被拉入每一个问题，实际上就成了一名长期的 On-Call 人员。长时间和高风险将导致倦怠。"救火"工程师也会在编程或设计工作中"步履蹒跚"，因为他们不断地被打断。而依赖"救火队员"的团队不会拓展自己的专业知识和提高排除故障的能力。"救火队员"的英雄主义也会导致那种修复严重的潜在问题的工作被置于次要地位，因为"救火队员"总在旁边修修补补。

如果你觉得你是唯一能解决问题的人，或者你在不 On-Call 的情况下经常参与"救火"工作，你可能正在成为一名"英雄"。与你的管理者或技术负责人讨论如何找到更好的平衡，让更多的人接受培训并可以介入"救火"。如果你的团队中有一名英雄，看看你是否可以向他学习，挑起一些重担。当你想挑战一下自己的时候，请让他知道。"谢谢你，珍。实际上，我想自己想办法解决一下，这样我就能掌握技能了……如果这仍然是个谜，我可以在 30 分钟内请求你的帮助吗？"

9.6 行为准则

需要做的	不应该做的
➤ 将呼叫你的号码添加到电话联系人的白名单中	➤ 无视警告
➤ 使用优先级类别、SLI、SLO 和 SLA 来确定事故响应的优先级	➤ 在分流阶段就尝试排除故障
➤ 针对严重的事故采取分流、协同、应急方案、解决方案、后续行动的策略	➤ 在问题尚未缓解的情况下就去做根本原因分析
➤ 使用科学的方式去排除故障	➤ 在事后回顾总结的时候指责别人
➤ 在事故的后续行动环节使用 5W 的方式来追根溯源	➤ 对关闭那些无响应的支持请求犹豫
➤ 确认响应支持类的请求	➤ 询问支持的请求者他们的优先级是什么，不询问问题的影响
➤ 针对下一次回复给予明确的时间预期	➤ 逞英雄修复所有的事情
➤ 在关闭请求类的任务票之前确认问题都已经修改好了	
➤ 将支持请求重定向到适当的沟通渠道	

9.7 升级加油站

在本书的 9.3 节中，事故响应的 5 个阶段来自 Increment 网站上的一篇文章，《当寻呼机响起时，会发生什么？》（"What Happens When the Pager Goes Off？"）。这篇文章引用了更多关于不同公司如何处理事故的信息和细节。

在更新兴的运维环境中，开发人员可能需要自己定义 SLI 和

SLO。如果你发现自己负责 SLI 和 SLO，我们强烈推荐你参考谷歌的《SRE：Google 运维解密》一书的第 4 章。

　　《SRE：Google 运维解密》的第 11、13、14 和 15 章涵盖了On-Call、应急响应、事故处理和事后分析。我们在本章中介绍了对新工程师十分重要的信息，但如果你想深入了解，谷歌公司的这本书提供了更多细节。

第 **10** 章

技术设计流程

当被要求对系统进行修改时，大多数入门级工程师会直接跳入编码环节。一心潜入代码在一开始尚有可为，但你最终可能会得到一项庞大到根本跳不进去的任务，你会需要去考虑技术设计。

技术设计流程可以帮助每个人就某项大型变更的设计达成一致。设计工作被分成两种活动：单独的深入思考和协作的小组讨论。研究、头脑风暴和写作构成了深度工作。设计讨论和对设计文件的评论构成了合作的部分。这个过程的有形产出是一份设计文档。

本章将描述一个扩展版的设计流程，适用于大型的变更。这些流程可能看起来进展很缓慢，而且令人生畏。一些工程师会因为重量级的设计流程出错而受到伤害。对于较小的变更，将事情缩小是可以的。你要解决的问题可能只需要 3 句话，而不是一篇滔滔不绝的论文。设计模板的部分可能是不相关的，多轮的反馈可能是不必要的，而其他团队的评审可能也是不需要的。你会对一个问题的正确投入与合作程度形成一种感觉。在开始的时候，要谨慎行事：向你的技术领导或管理者寻求指导，并广泛分享你的设计。正确地完成、参与和领导技术设计工作是很有意义并且有价值的。

10.1 技术设计的 V 形结构

软件设计并不是一种将研究和头脑风暴落到文档上并获得批准的线性过程。它更像是在独立工作和相互合作之间交替进行的螺旋式上升的过程，在每一步都要明确和完善设计（见图 10-1）。

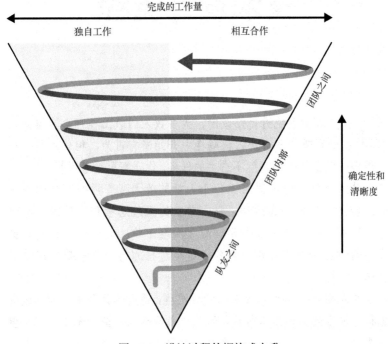

图 10-1 设计过程的螺旋式上升

随着每一次迭代，设计文档变得更加清晰和详细。你对解决方案的信心也在增加，对设计背后的工作——实验、概念验证和基准也是如此。关于设计的咨询者的数量和种类也会随着时间的推移而增加。

你将从圆锥体的底部开始。在此处，你不清楚问题空间

（problem space）、需求和可能的解决方案。所以在这个过程的早期，你不可能拥有一份令你有信心的解决方案。

当你在研究时，你会在独立工作和与一小组队友或你所研究领域的专家的讨论之间来回跳动。你要进行头脑风暴和实验。目标是学习，以提高确定性和清晰度。

最终，你的研究、实验和头脑风暴使你找到了一个理想的设计。和那些与你一起工作的人进行理智的检查之后，你撰写了一份设计文档。当你在撰写文档的过程中，你发现了更多的未知因素。你创建了一些小的原型来验证你的设计、回答问题，并帮助你在可行的替代方案中做出选择。你进行更多的研究，并请专家提供意见。你充实了设计文档的草稿。

圆锥体中的箭头进一步螺旋式上升。你现在更确定你理解了问题空间。你的原型为你的解决方案提供了越来越多的信心。你做出了一份设计方案，并准备将它分发出去。你与你的团队分享它，并得到更多的反馈。你研究、讨论并更新你的设计文档。

你现在处于圆锥体的顶部。你在你的设计中已经投入了大量的工作，而且对你的方案充满信心。你将设计方案在整个组织内传阅。安全、运维、相关的团队和架构师都需要了解你所承诺的变更，这不仅仅是为了提供反馈，也是为了更新他们对整个系统工作方式的心理模型。

在你的设计被批准后，就需要着手实施了，但设计还没有结束。实施的过程中会出现更多的意外状况。如果你和你的团队在编码时出现了任何重大的偏差，你必须更新你的设计文档。

10.2 关于设计的思考

设计漏斗的基础是从探索开始的。在制定设计方案之前，你需要了解问题空间和需求。探索需要思考、研究、实验和讨论。正如漏斗所示，探索既是一项个人运动，也是一项团队运动。

10.2.1　定义问题

你的首要任务是定义和理解你要解决的那个（或那些）问题。你需要了解问题的边界，以便知道如何解决它，并避免构建错误的东西。你甚至可能会发现没有问题，或者问题并不值得被解决。

首先，询问利益相关者他们认为问题究竟是什么。这些利益相关者可能是你的管理者、队友、产品经理或技术负责人。并不是每个人都会以同样的方式来看待问题。

用你自己的语言向利益相关者重述问题，询问你的理解是否与他们一致。如果有一个以上的问题，询问哪些问题是最优先的。

"如果我们不解决这个问题会怎么样？"这是一个强有力的提问。当利益相关者回答时，问其结果是否可以接受。你会发现许多问题实际上并不需要被解决。

一旦你从不同的利益相关者那里收集到关于问题的笔记，试着把反馈意见整合成一份清晰的问题陈述。不要对问题的描述信以为真，批判性地思考你被告知的内容。要特别注意问题的范围——哪些已被包含进去，哪些应该被包含但并没有被包含进去。不要把利益相关者的所有问题结合起来，这样会变得很麻烦。不要害怕修剪低优先级的变更。撰写并分发问题陈述——包括范围内和范围外的内容，以验证你的理解并获得反馈。

最初的特性请求可能看起来像这样。

> 供应经理希望看到库存页面上列出的每件物品的目录和页码。显示目录信息将使我们在供应不足时更容易重新订购物品。我们可以让合同工来扫描所有的目录，我们可以使用一个 ML（machine learning，机器学习）模型将扫描的图像转换成数据库中的物品描述。

这个请求会引发很多问题给产品经理。

- 供应经理现在是如何下订单的？
- 一件物品能不能在多个目录中显示出来？
- 如果没有这个特性，用户是如何解决他们的需求的？
- 当前解决方案的痛点是什么？
- 其中哪个痛点对企业的影响最大？

对这些问题的回答可能会导致问题陈述的修订。

供应经理需要一个简单的方法，在供应量不足时重新订购物品。目前，他们在 Excel 电子表格中维护我们生成的库存条目标识符与供应商名称和 SKU 的映射关系，并对其进行对照。从我们的软件到 Excel 进行查询，再到向供应商订货，既慢又容易出错。

一个 SKU 可能有多位供应商。供应经理更希望能接触到所有的供应商，这样他们就可以将成本降到最低。由于电子表格的限制，目前对每件物品只能跟踪一个供应商。

供应经理按以下顺序排列他们的优先事项：数据准确性、下订单的时间，以及订单成本最小化。

一些供应商提供在线目录，约有一半的供应商支持在线购买。

完善的问题描述将导致一份与原来截然不同的解决方案，工程师可聚焦在问题上并列出优先事项。像合同工作业和机器学习模型这样的备选解决方案已经被抛弃了；有关在线供应商目录的信息也已被纳入，以告知潜在的解决方案。

10.2.2 着手调查

不要从问题定义直接就过渡到"最终"设计。考虑相关的研究、替代的解决方案，以及权衡各方案的利弊。你提出的设计不应该是你的第一个想法，而应该是你若干想法中最好的那个。

网上有大量的资源——看看别人是如何解决类似问题的。许多公司会运营工程类的博客，描述他们如何解决问题和实现他们的特性。虽然公司的博客本质上是一种营销活动，并且经常只描述简化之后的架构，忽略了棘手的部分，但阅读博客文章仍然是一种合理的方式，以获得对其他人正在做什么的整体概念。通过社交网络或电子邮件与作者联系，他们可能会提供一些没有写进博客文章中的细节。

行业大会是另一种可供检查的资源，幻灯片或录音通常会在网络上公布。不要忘记学术研究，利用论文末尾的参考文献部分来寻找更多的阅读材料。

与你正在探索的问题领域的专家交流。向你公司的专家征求意见，但不要局限于你的同事。你会发现，许多博客和论文作者以及演讲者都渴望谈论他们的工作，只是要注意与外人交流时不要泄露公司的专有信息。

最后，你应该批判性地思考。不是所有你在网上读到的东西都是好主意，一个特别常见的错误做法是将一个与你的问题相似但不完全相同的解决方案全盘复制。你的问题不是谷歌的问题（即使你在为谷歌工作），尽管它们看起来很相似。

10.2.3　进行实验

通过编写代码草稿和运行测试来对你的想法进行实验。编写 API 草案和部分实现，运行性能测试，甚至 A/B 用户测试，以了解系统和用户的行为。

实验会让你对自己的想法增长信心、暴露出设计上的权衡，并澄清问题空间。你也会感受到你的代码将被如何使用。在你的团队中传阅你的原型以获得反馈。

不要迷恋你的实验性代码。概念验证类的代码是为了说明一个想法，然后被扔掉或重构，把你的精力集中在说明或测试你的想法上。不要写测试，也不要花时间打磨代码。你要尽可能快地学习到更多的东西。

10.2.4 给些时间

好的设计需要创造力。不要指望坐下来一次就能完成一份设计。要给自己大块的时间，休息一下，换换环境，耐心一点儿。

设计需要深入思考。你不可能在 15 分钟内完成设计，给自己几个小时来集中精力。保罗·格雷厄姆写了一篇文章《管理者的时间表，制造者的时间表》（"Manager's Schedule, Maker's Schedule"，可以在其博客中找到原文）。这篇文章描述了不间断的时间对于"制造者"——也就是你——是多么宝贵。弄清楚你什么时候最能保持深度集中，并在你的日历上划出时间。克里斯喜欢在午饭后安静地进行设计，德米特里则觉得在清晨时分最有成效。找到适合你的时间段并保护它。

外界干扰是深度工作的"杀手"。避免所有的交流方式：关闭聊天、关闭电子邮件、禁用电话通知，也许可以换个地方坐。确保你的手边有你需要的工具——白板、笔记本、纸张——如果你换了地方的话。

你不会在你锁定的整段时间内进行"设计"。你的大脑需要时间来放松：休息一下，给自己一个呼吸的空间；允许你的思想放松和游荡；去散步、泡茶、阅读、写作、画画。

设计是一种每天 24 小时都在进行的工作，所以要有耐心。你的大脑总在酝酿着各种想法，创意想法会在一天内随机出现（甚至在你睡觉的时候）。

轻松的设计方法并不意味着你可以永远这样做。你有交付日期需要满足。设计尖峰（design spike）是管理创造性工作和可预测的交付之间的紧张关系的一个好方法。尖峰是极限编程（extreme programming，XP）的术语，指有时间限制的调查。在冲刺阶段分配一个尖峰任务，可以给你空间以进行深入的思考，而不用担心其他任务的问题。

10.3　撰写设计文档

设计文档以一种可扩展的方式来清楚地传达你的想法。写作的过程会使你的思维结构化，并凸显出薄弱的环节。记录你的想法并不总是水到渠成的。为了创建有用的设计文档，请把注意力集中在最重要的变更上，牢记目标和受众，练习写作，并保证你的文档是最新的。

10.3.1　文档持续变更

并非每一项变更都需要设计文档，更不用说正式的设计评审过程了。你的组织可能有自己的指导方针。如果没有指导方针，就用这 3 个标准来决定是否需要设计文档。

- 该项目将需要至少一个月的工程时间。
- 这一变更将对软件的扩展和维护产生长期的影响。
- 该变更将显著影响其他团队。

第一种情况是不言而喻的：如果项目需要一段时间来实施，那么最好在前期花一些时间来写下设计，以确保你不会走错路。

第二种情况需要多解释一下。有些变更是快速引入的，但会带来长期影响。这可能是引入一项新的基础设施——缓存层、网络代理，或存储系统。它可能是一个新的公共 API 或安全措施。虽然可能有一个快速的方法来添加它们以解决一些直接的问题，但这种变化往往有长期的成本，而这些成本可能并不明显。通过撰写设计文档的过程，并让设计文档得到评审，将使人们的担忧有机会浮现出来并得到解决。评审也将确保整个团队了解所增加的内容和原因，这将有助于避免意外。

对许多团队有重大影响的变更也需要一份设计文档。团队需要知道你在做什么，这样他们才能提供反馈，并适应你提出的修改。具有广泛影响的变更通常需要代码评审或重构，而且其他设计也可能会受到影响。你的设计文档会把你即将进行的变更通知团队。

10.3.2 了解撰写文档的目的

从表面上看，设计文档是告诉别人某个软件组件是如何工作的。但是，设计文档的用途超越了简单的文档。设计文档是一种工具，可以帮助你思考、获得反馈、让你的团队了解情况、培养新的工程师，并推动项目规划。

写作拥有一种暴露你不知道的东西的能力（在这一点上请相信我们）。迫使你自己写下你的设计，迫使你去探索问题空间，并使你的想法具体化。你将不得不面对其他的方法和理解上的差异。这是一个动荡的过程，但是经历了这个过程，你会对你的设计和它的权衡有更好的理解。通过写下你的设计，你会得到清晰的思路，也会使设计讨论更有成效。

征求对书面设计的反馈会更容易一些。书面文档可以被广泛地传阅，其他人可以在自己的时间里阅读和回复。即使是在反馈很少的情况下，分发设计文档也能让团队了解情况。

传播设计知识将帮助其他人保持对系统的工作方式拥有准确的心理认知。团队将会做出更好的设计和实施决策，On-Call 工程师会正确地理解系统的行为方式，工程师们也可以利用设计文档来向他们的队友学习。

设计文档对于刚加入团队的工程师来说特别有帮助。如果没有设计文档，工程师们会发现自己在代码中摸爬滚打，用框图写写画画，从高级工程师那里汲取知识才能了解发生了什么。而阅读大量的设计文档则要有效得多。

最后，管理者和技术负责人使用设计文档进行项目规划。许多设计文档包含完成项目所需的里程碑或实施步骤。如果一个项目是跨职能的，有了具体的设计文档，就更容易与其他团队协调。

10.3.3　学会写作

觉得自己不擅长写作的工程师可能会被写作的前景所吓倒，不要这样。写作作为一项技能，就像其他技能一样，是通过实践来进步的。充分利用写作的机会——设计文档、电子邮件、代码评审意见——努力写得清晰。

写得清晰会让你的生活更轻松。写作是一种有损的信息传递方式：你把你的想法写下来，而你的队友则在他们的头脑中不完全地重建你的想法。好的写作可以提高这种传递的还原度，好的写作能力也会为职业生涯添砖加瓦。一份写得好的文档很容易被传阅给大团体，包括高管，而优秀的写作者不会被忽视。

以目标受众的视角重读你所写的内容：你是否理解并不重要，重要的是他们是否能理解。文档要简明扼要。为了帮助你获得读者的视角，你需要去阅读别人写的东西。想一想你会如何编辑他们的文章：哪些是多余的，哪些还需要补充。在你的公司里寻找优秀的文档作者，并征求他们对你所写内容的反馈。更多写作资源请见本章的"升级加油站"。

不以母语为交流语言的开发者有时会对书面交流感到畏惧。软件工程是一个全球性的行业，在一个团队中，所有人都使用自己的母语进行交流非常少见。不要让语言障碍使你对撰写设计文档望而却步，不要担心语法是否完美，重要的是清楚地表达你的想法。

10.3.4　保证文档是最新的

我们一直在谈论设计文档，并认为它是在设计被实施之前提出的和最终确定设计的工具。一旦你开始实施，设计文档就会从提案演变成描述软件是如何实施的文档：它们是活的。

在从提案到文档的过渡过程中，有两个常见的陷阱。第一个陷阱是提案文件被废弃了，再也没有更新。实施过程中出现了分歧，而文档会对未来的用户产生误导。第二个陷阱是，文档虽然被更新了，但提案的历史记录却丢失了。未来的开发者无法看到那些导致设计决策的讨论，可能会重蹈覆辙。

务必保证你的文档是最新的。如果你的设计提案和设计文档是两个独立的东西（比如 Python PEP[①]和 Python 文档），你需要使文档与已实现的方案保持同步，确保有其他人在你进行代码评审之后同步更新文档。

你需要对你的设计文档进行版本控制，一个优秀的技巧是将设计文档与代码放在同一个库中进行版本控制。然后，代码评审也可以作为设计内容的评审意见，这些文档也可以随着代码的发展而更新。不过，并不是每个人都喜欢用 Markdown 或 AsciiDoc 来评审设计文档。如果你喜欢用内部论坛、谷歌文档或 Word 文档，请保留文档的整个历史记录，也包括讨论的内容。

10.4　使用设计文档模板

设计文档应该描述当前的代码设计、变更的动机、潜在的解决方案，以及建议的解决方案。该文档应该包括建议的解决方案的细节：架构图、重要的算法细节、公共 API、模式、与替代方案的利弊比较、假设和依赖项。

设计文档并没有一个放之四海而皆准的模板，但开源设计文档是一种可以了解重大变化如何被记录的方式。我们在本章末尾的"升级加油站"部分包含了 Python 增强建议书、Kafka 优化提案和 Rust 征求意见稿（RFC）的介绍。如果你的团队有模板，请使用他们的模板；如果没有，请尝试下面这种结构，我们将详细介绍：

- 概要；
- 现状与背景；

[①] PEP 是 Python enhancement proposal（Python 增强建议书）的缩写。

- 变更的目的；
- 需求；
- 潜在的解决方案；
- 建议的解决方案；
- 设计与架构；
  - 系统构成图；
  - UI/UX 变更点；
  - 代码变更点；
  - API 变更点；
  - 持久层变更点；
- 测试计划；
- 发布计划；
- 遗留的问题；
- 附录。

10.4.1　概要

介绍正在解决的问题，并说明为什么它值得被解决。提供约一段关于拟议变化的总结，并提供一些指导，将不同类型的读者——安全工程师、运维工程师、数据科学家，指向相关章节。

10.4.2　现状与背景

描述正在修改的结构并定义专有名词，解释那些名字不显眼的系统是干什么的："Feedler 是我们的用户注册系统。它建立在 Rouft 之上，是提供有状态的工作流处理的基础设施。"谈谈目前解决相应问题的方法。是否有正在采用的变通方法？它们的缺点是什么？

10.4.3　变更的目的

软件团队往往拥有超过他们能同时应对的极限的项目。为什么这个特别的问题值得去解决，而且是要现在解决？描述这项工作将带来的好处，把这些好处与业务需求联系起来。"我们可以减少 50%的内存占用"不如"通过减少 50%的内存需求，我们可以解决安装我们的软件时最常见的拒绝理由，从而提高安装率"来得有力。但是，请注意不要过度承诺！

10.4.4　需求

列出一个可接受的解决方案必须满足的需求，这些需求可以分成以下几个部分。

- **面向用户的需求**：这部分内容通常在需求中占很大比重，它们从用户的角度定义了变更的性质。
- **技术需求**：这部分内容包括解决方案必须满足的硬性需求。技术需求通常是由互操作性问题或严格的内部准则引起的，如"存储层必须支持 MySQL"或"必须提供 OpenAPI 规格以与我们的应用网关相配合"。服务水平目标也可以定义在这里。
- **安全性与合规性需求**：虽然这些可能被视为面向用户或技术需求，但它们通常被分开，以确保安全性的需求得到明确的讨论。数据保留和访问政策通常包括在这里。
- **其他**：这可能包括关键的截止期限、预算和其他重要的考量因素。

10.4.5　潜在的解决方案

解决一个问题通常可以有多种方案可以采用。撰写这部分内容对你和读者来说都是一种工具，它的目的是迫使你不仅要思考你的第一个想法，还要思考其他的想法和它们之间的利弊。描述合理的替代方案，以及你为什么拒绝它们。描述潜在的解决方案将预先解决"为什么不做××？"的评论。如果你因为错误的原因而否定了某个解决方案，评论者就有机会发现其中的过错，甚至可以找出你没有考虑过的替代方案。

10.4.6　建议的解决方案

描述你所确定采用的解决方案。这个描述要比概要中简短的描述更加详细，并且可能包含突出变化的图示。在这里和下面的章节中，如果你的建议包括多个阶段，请解释该解决方案是如何从一个阶段发展到另一个阶段的。

10.4.7　设计与架构

设计与架构的内容通常占据文档中很大的比例。所有值得讨论的技术细节都在这里。突出令人感兴趣的实施细节，如利用的关键类库和框架、实施模式，以及任何与公司常见做法不同的地方。设计与架构应该包括组件的示意图、调用流和数据流、用户界面、代码、API 和模式模拟。

系统构成图

该部分包括展示主要组件和它们如何互动的图例。通过突出显示新的和已更改的组件来解释正在发生的变化，通过展示某组件在创建之前和之后的图例变化也可以办到这一点。该图应配有简要的说明，引导读者了解这些变化。

UI/UX 变更点

如果你的项目改变了用户界面，请创建原型，用原型的方式来预演用户的动作流。如果你的变更没有可视化的组件，这部分可以讨论开发者对于你正在创建的类库的使用体验，或者描述用户使用你的命令行工具的方式。我们的目标是要多考虑与你的变更进行交互的人的体验。

代码变更点

描述你的具体实现的过程。要高亮出现有的代码需要变更的内容、方式和时间。当引入任何新的抽象概念时，也需要描述出来。

API 变更点

记录所有对现有的 API 和任何新增的 API 的改变。讨论向前或向后兼容性与版本问题。要记得在你的 API 提案中包含错误处理：当遇到不规则输入、违反约束条件、意外的内部错误或异常时，它应该以有用的消息来响应。

持久层变更点

解释正在引入或已经修改的存储技术。讨论新的数据库、文件和文件系统架构、检索的索引和数据传输管道，包括所有模式的变化并对其向后兼容性进行说明。

10.4.8 测试计划

不要事先定义每项测试，而是去解释你计划如何去验证你的变更。讨论测试数据的来源或生成方法，强调需要覆盖的用例，讨论你期望使用的类库和测试策略，并解释你将如何验证安全性的需求是否得到满足。

10.4.9 发布计划

描述你将使用的策略，以避免复杂的部署顺序需求。记录你需要设置的特性开关，以控制新版本的展开，以及你是否会使用第 8 章中的部署模式。想一想你将如何发现你发布的变更是否生效，以及在发现问题时你将如何回滚。

10.4.10 遗留的问题

明确地列出设计中尚未回答的紧迫问题。这是征求读者意见的一种好方法，并说明你的"已知的未知"。

10.4.11 附录

在附录中加入额外的令人感兴趣的细节。这也是添加相关工作参考和进一步阅读资料的好地方。

10.5　协作设计

与你的团队进行建设性的合作将产生更好的设计，但合作并不总是容易的。开发人员是一群有主见的人，解释反馈并将其精简为一份有意义的设计并不那么容易。通过融入团队的设计流程，提早沟通和经常沟通以避免意外，以及利用设计讨论来进行头脑风暴，以进行设计上的协作。

10.5.1　理解你的团队的设计评审流程

设计评审通知架构师即将发生的大型变化，并给潜在的使用者一个提供反馈的机会。一些组织有健全的评审政策，一些则是非正式的。架构评审委员会和"请求裁定"（request for decision）是两种比较常见的方式。

架构评审是更正式的、重量级的过程。设计必须得到外部利益相关者的批准，如运维人员和安全保障人员。设计文档是必需的，而且可能会有多轮会议或演示。由于时间成本很高，只有大型或有风险的变更才用得上架构评审。

不要等到最后的批准才开始写代码，要花时间实现原型和概念验证的"尖峰"，以增加对设计的信心，并给你一条更短的生产路径。但不要超越概念验证的工作，你可能需要根据设计反馈来改变你的代码。

我们把另一种设计评审过程称为"请求裁定"，即 RFD（不要与互联网协会的"征求意见稿"的过程即 RFC 相混淆）。

RFD 这个词并不常见，它的模式是：RFD 是快速的团队内部评审，以快速达成需要一些讨论但不需要全面评审的决定。

一名请求做出裁定的工程师会分发一份精要的书面材料，来描述将要做出的决定——一份轻量级的设计文档。然后团队成员在白板上讨论他们的选项，提供意见，并做出决定。

当然，还有其他的设计评审模式。重要的是，你要了解你的团队需要遵循哪些流程。错过一个设计评审的步骤会导致你的项目在最后一刻"脱轨"。找出谁必须被告知或签署承认你的设计工作，以及谁被授权做决定。

10.5.2　不要让人惊讶

你需要有礼貌地并且渐进地让人们了解你的设计方案。如果正式的设计文档是其他团队和技术负责人第一次了解你的工作，你就是在为自己的失败埋下伏笔。每一方都有不同的视角和不同的利益诉求，他们可能会对一份突然出现的、他们没有发言权的设计文档做出强烈的反应。

相反，当你最初做研究时，从其他团队和技术领导那里获得早期的反馈，将催生更好的设计，使他们了解你的工作，并使他们在你的设计中获益。早期参与你工作中的各方都可以在以后成为你工作的拥护者。

反馈会议不需要是正式的，也不需要专门来安排。在午餐时、在走廊上，或在会议开始前的随意交谈都可以，甚至这都是应优先选择的方式。你的目标只是让人们意识到你在做什么、提供一个反馈的机会，并让他们思考你的工作。

随着你工作的深入，让人们了解到最新的情况。在状态会议和站会上提供最新信息，继续进行随意的对话。注意你提议的变更可能会产生的二阶效应以及可能影响到的人，将即将发生的变更通知受影响的团队。这尤其适用于支持、QA 和运维团队。要有包容性——把人们拉进头脑风暴会议，倾听他们的想法。

10.5.3　用设计讨论来进行头脑风暴

设计讨论可帮助你理解问题空间、分享知识、讨论利弊，并巩固设计。这些头脑风暴会议是非正式的，谈话是自由流动的，白板上写满了讨论时留下的油墨。讨论发生在设计的早期，也就是当问题被合理地理解，但设计尚未决定之时，应该有一版设计文档的草案，但它可能仍然有很多空白和开放的问题。将头脑风暴分成多个会议，由不同的参与者参加，集中讨论设计的不同方面。

头脑风暴会议的规模从 2 人到 5 人不等。当一个问题特别多元或有争议时，要选择更大、更有包容性的头脑风暴会议。对于更直接的讨论，应保持较少的被邀请者人数，使谈话更容易进行。

设计讨论会议需要安排大块的时间，一般为两个小时左右。思想需要时间来发展，尽量不要缩短讨论时间，让人们没有想法，或者只能疲于应付。你可能需要多于一次的头脑风暴会议来得出结论。

在头脑风暴会议之前，制定一个松散的议程，包括问题、范围和某项（或某些）拟议的设计，以及潜在的权衡及开放性问题。与会者应该事先阅读议程，所以议程要保持简短。目的是提供足够的信息，方便大家开始自由讨论。

不要强加太多的条条框框在会议本身，思想需要"跳来跳去"才能探索想法。使用白板而不是幻灯片，如果可能的话，请即兴发言。（不过，参考一下笔记也是可以的。）

在头脑风暴会议期间，做笔记可能会分散注意力。有些团队会指定一名正式的会议记录员。确保这个角色由所有团队成员平均分担，否则一直担任记录员的人将无法做出贡献。白板也是一个"记录员"，你可以在讨论过程中拍照，如果使用虚拟板，则可以保存中间的状态。会议结束后，以白板上的图片为指导，根据你的回忆写一份总结。把这些笔记发给与会者和其他相关的队友。

10.5.4　为设计出力

你应该为你团队的设计工作贡献力量，而不仅仅是你自己的。和代码评审一样，对设计的贡献可能会让人感到不舒服。你可能认为你对更高级的开发者的设计没有什么贡献，阅读设计文档和参加头脑风暴会议可能会让人觉得是在分散精力，但还是要做。你的参与将改善你的团队的设计并帮助你学习。

当你参与设计工作时，应提出建议和问题。运用我们为代码评审提供的相同的指导，对设计进行全面的思考，考虑到安全性、可维护性、性能、规模等，要特别注意设计是如何影响你的专业领域的。沟通要清晰，要尊重他人。

提出问题和给予建议一样重要，问题会帮助你成长。就像在课堂上一样，你可能不是唯一对某项设计决定感到疑惑的人，所以你的问题也会帮助其他人成长。此外，你的问题可能会引发新的想法，或者暴露出设计中没有考虑到的缺失。

10.6 行为准则

需要做的	不应该做的
➢ 使用设计文档模板	➢ 在意早晚会变的实验性的代码
➢ 阅读博客、论文和一些演讲文稿来获取灵感	➢ 只讨论一项解决方案
➢ 对于你看到的一切保持批判性思考	➢ 让非母语阻止你写作
➢ 在设计阶段就编写实验性的代码	➢ 在具体实施方案和计划有些偏离时忘记更新设计文档
➢ 学会清晰地写作，并经常练习	➢ 消极地参与团队设计讨论
➢ 对设计文档进行版本控制	
➢ 对队友的设计提出问题	

10.7 升级加油站

编程语言 Clojure 的作者理查德·希基在他的演讲"吊床驱动开发"（"Hammock Driven Development"，可以在一些视频网站中找到）中给出了一份关于软件设计的"现场报告"。希基的演讲是我们看到的对软件设计的混乱过程的最好的介绍之一。

　　使用大型开源项目来查看正在进行的真实世界的设计。Python
增强建议书、Kafka 优化提案和 Rust 征求修正意见书都是真实世
界的软件设计中良好的例证。

　　要了解内部设计流程，可参考 WePay 公司工程博客的一篇文章
《有效的软件设计文档》（"Effective Software Design Documents"），
这篇文章描述了 WePay 的设计方法以及多年来的演变过程。WePay
用于数百个内部设计的设计模板可以在 GitHub 上找到。

　　威廉·斯特伦克的《英语写作手册：风格的要素》（*The
Elements of Style*，已由外语教学与研究出版社于 2016 年引进出版）
是清晰写作的典范参考书。我们还强烈建议你阅读威廉·津瑟的
《写作法宝：非虚构写作指南》（*On Writing Well: The Classic Guide
to Writing Nonfiction*，已由中国人民大学出版社于 2013 年引进出
版）。这两本书将极大地提高你写作的表意清晰度。Y Combinator
公司的保罗·格雷厄姆有两篇关于写作的文章：《如何有用地写
作》（"How to Write Usefully"）和《像说话一样写作》（"Write Like
You Talk"），都可以在其博客中找到。

第 11 章

构建可演进的架构

需求的不确定性——不断变化的客户需求——是软件项目无法避免的挑战。产品需求和环境会随着时间的推移而改变，你的应用程序也必须随之改变。但是，不断变化的需求会导致不稳定性，使开发工作偏离轨道。

管理者可尝试用迭代式开发模型来处理需求的不确定性，如敏捷开发（将在第 12 章中讨论）。你可以通过构建可演进的架构来适应不断变化的需求。可演进的架构可避免复杂性，复杂性是演进性的敌人。

本章将教你一些技术，这些技术可以使你的软件变得更简单，从而更容易演进。矛盾的是，在软件中实现简洁性会很困难。如果缺乏有意识的努力，代码会变得纠结和复杂。我们将首先描述复杂性以及它如何导致代码库走向僵化和混乱。然后，我们将向你展示降低复杂性的设计原则。最后，我们将把这些设计原则转化为具体的 API 和数据层最佳实践。

11.1　理解复杂性

斯坦福大学计算机科学系教授约翰·奥斯特霍特在《软件设计的哲学》（*A Philosophy of Software Design*）中写到："复杂性是与系统结构有关的东西，复杂性使人难以理解和修改系统。"按照奥斯特霍特的说法，复杂系统有两个特点：高依赖性和高隐蔽性。我们要再加上第三个：高惯性。

高依赖性导致软件依赖于其他的 API 或代码行为。依赖性显然不可避免，甚至是可取的，但必须取得平衡。每一个新的连接和假设都会使代码更难以改变。高依赖性的系统很难修改，因为它们有紧密的耦合性和高度的变更放大效应。紧密的耦合性是指那些严重依赖彼此的模块，它们导致了更高的变更放大的倍率，即某项单一的变更也需要修改依赖关系。深思熟虑的 API 设计和有节制地使用抽象模型将最大限度地降低紧耦合性和变更放大效应。

高隐蔽性使得程序员很难预测某项变更的副作用、代码的行为方式，以及需要修改的地方。晦涩的代码需要更长的时间来学习，开发人员更有可能在无意中破坏某些东西。"知道"太多的对象、鼓励副作用的全局状态、掩盖代码的过度间接寻址，以及影响程序远程行为的远距离操作，都是高隐蔽性的症状。采用具有明确的约定和标准模式的 API 可以减少隐蔽性。

高惯性是我们在奥斯特霍特的列表中加入的新特点，是指软件保持之前的使用习惯。用于快速实验且很容易被丢弃的代码具有低惯性，一项为十几个关键业务应用提供驱动力的服务具有高惯性。复杂性的成本随着时间的推移而增加，所以高惯性、高变化的系统应该被简化，而低惯性或低变化的系统可以保持复杂（只要你抛弃它们或继续让它们保持不变）。

复杂性不总能被消除，但你可以选择把它放在哪里。向后兼容的变更（会在 11.3.3 小节讨论）可能使代码使用起来更简单，实现起来却更复杂。用于解耦子系统的间接层可降低依赖性，却会提高隐蔽性。对于何时、何地以及如何管理复杂性要深思熟虑。

11.2 可演进的设计

面对未来未知的需求，工程师们通常会选择下面两种策略中的一种：试图预判未来的需求，或者建立抽象模型作为逃生舱门，使后续的代码修改更容易。不要玩这种把戏，两种策略都会导致复杂性提高。要保持事情简单一些（被称为 KISS 的原则——保持简单、愚蠢）。使用 KISS 记忆法，记住要以简单性为核心原则构建系统。简单的代码可以让你在未来增加系统的复杂性，比如当需求慢慢清晰且你不得不修改代码的时候。

保持代码简单的最简单的方法之一是避免什么代码都要写出来。告诉你自己，你不是真的需要（You ain't gonna need it，YAGNI）。当你写代码的时候，要使用最小惊讶原则和封装原则。这些设计原则将使你的代码易于演进。

11.2.1 你不是真的需要

YAGNI 是一种看似简单的设计实践：不要构建你不需要的东西。当开发人员对他们代码中的某些方面感到兴奋、固执或担心时，就会发生 YAGNI 违规行为。很难预测你会需要什么，或者你不需要什么，每一个错误的猜测都是在浪费精力。在最初的浪费之后，靠猜测而编写出来的代码会继续使事情陷入困境，它需要被维护，开发人员需要理解它，它必须被构建和测试。

幸运的是，你可以通过养成一些习惯来避免不必要的开发。避免过早优化，避免不必要的灵活抽象模型，以及避免最小可行产品（minimum viable product，MVP）所不需要的产品特性——你需要那些可以获得用户反馈的最低限度的功能集。

过早优化是指开发人员在证明需要优化之前就对代码进行性能优化。典型的情况是，某名开发人员看到某个区域的代码可以通过添加复杂的逻辑和架构层（如缓存、分片数据库或队列）而变得更快或更可扩展。开发人员在产品"出货"前，也就是在有人使用之前，对代码进行优化。"出货"后，开发者却发现代码并不需要优化。优化的内容从未移除过，而且复杂性也在继续增加。大多数性能和可扩展性的改进都伴随着很高的复杂性成本。例如，缓存的速度虽然很快，但它可能与底层数据不一致。

灵活的抽象模型——插件式架构、封装接口和通用数据结构（如键值对）是另一种诱惑。开发人员认为，一旦出现一些新的需求，他们就可以很容易地进行调整。但是，抽象自有代价：它把实现的代码框在僵硬的边界里，而开发者最终会与之抗争。灵活性也使代码更难以阅读和理解，如代码清单 11-1 所示的分布式队列接口。

代码清单 11-1

```
interface IDistributedQueue {
  void send(String queue, Object message);
  Object receive(String queue);
}
```

IDistributedQueue 看起来很简单：发送和接收消息。但如果底层队列同时支持消息的键和值（如 Apache Kafka）或消息 ACK（如亚马逊的简单队列服务）呢？开发人员会面临一个选择：接口应该是消息队列的所有特性的并集，还是所有特性的交集？所有特性的并集产生了一个接口，在这个接口中，不存在一种可以适用于所有方法的代码实现。所有特性的交集会导致一个有限的接口，没有足够的特性可以使用。你最好直接使用某项具体的实现，如果你决定需要支持另一种实现，你可以在以后进行重构。

保持代码灵活性的最佳方法之一是减少代码的总量。对于你所构建的一切，问问自己哪些是绝对必要的，其余的就舍弃掉。这种技术被称为蒙茨法（muntzing），将使你的软件保持"苗条"和适应性。

增加"酷炫"的新产品特性也是很诱人的。开发人员会因为各种原因而把自己带入酷炫特性的陷阱：他们误以为自己的需求也是大多数用户想要的，他们认为这很容易添加，或者他们认为这很整洁！每一项新特性都需要时间来构建和维护，而且你并不知道某个特性是否真的有用。

构建一个 MVP 将使你对真正需要的需求保持诚实。MVP 允许你先测试一个想法，而不必押宝在某项成熟的实施上。

当然，YAGNI 也有注意事项。随着经验的增长，你会更善于预测何时需要灵活性和优化。同时，在你怀疑可以插入优化的地方放置接口填充程序，但不要真正实现它们。例如，如果你正在创建一个新的文件格式，并且怀疑你以后会需要压缩或加密，那么就提供一个指定编码的头信息，但是只实现未压缩的编码。这样你可以在未来添加压缩算法的实现代码，而头文件将使新代码很容易读取旧文件。

11.2.2 最小惊讶原则

所谓最小惊讶原则非常明确：不要让用户感到惊讶，构建特性表现得要像用户最初期望的那样，具有上扬的学习曲线或奇怪表现的特性会使用户感到沮丧；同样地，不要让开发者感到惊讶，令人惊讶的代码通常晦涩难懂，这会导致复杂性。你可以通过保持代码的针对性、避免隐性知识，以及使用标准类库和模式来消除惊讶。

凡是开发者在调用 API 时需要知道的但又不属于 API 本身的不明显的知识，都被视为隐性知识。需要隐性知识的 API 会让开发者感到惊讶，造成 bug 和上扬的学习曲线。两种常见的隐性知识违规行为是隐藏的排序需求和隐藏的参数需求。

排序需求决定了某些动作必须按照某种特定的顺序进行。开发者经常不满足方法的排序需求：方法 A 必须在方法 B 之前被调用，但 API 允许方法 B 先被调用，这会让开发者惊讶地发现运行错误。使用文档来说明某些排序需求是种好办法，但最好是一开始就没有这个排序需求。可以通过让方法本身调用子方法的方式来规避方法排序的需求，如代码清单 11-2 所示。

代码清单 11-2

```
pontoonWorples() {
  if(!flubberized) {
    flubberize()
  }
  // ...
}
```

还有其他可以规避方法排序需求的技巧：将方法合二为一；使用构建者模式（builder pattern）；使用类型系统；让 pontoonWorples 只对 FlubberizedWorples 生效，而不是对所有 Worples 都有效；等等。所有这些都比要求你的用户知道隐藏的排序需求更好。如果不出意外，你至少可以通过将其命名为 pontoonFlubberizedWorples 来给开发者一个提示。与此相反的是，过短的方法和变量名称实际上增加了认知的负担。具体的、较长的方法名称更具有描述性，也更容易理解。

当一个方法的签名暗示了比该方法实际可以接受的有效输入范围更广时，就会出现隐藏的参数需求。例如，明明接受 int 类型却只允许数字 1 到 10，这种行为就是一种隐性约束。规定在一个普通的 JSON 字段中设置某个值的范围也是一种要求用户拥有隐性知识的行为。

切记让参数需求具体化和可视化。使用可准确适配约束的特定类型，当使用灵活的类型如 JSON 时，考虑使用 JSON schema 来描述预期的对象。至少，当参数需求不能以编程方式暴露出来时，应该在文档中明确地写出这些参数需求。

最后，使用标准类库和开发模式。实现你自己的平方根方法会令人惊讶，而使用编程语言内置的 sqrt 方法则不会这样。这条规则同样适用于开发模式：请使用惯用的代码风格和开发模式。

11.2.3 封装专业领域知识

软件会随着业务需求的变化而变化。通过基于业务领域的软件分类来封装领域内的知识——会计、计费、运输等。将软件组件映射到业务领域，将使代码的变化保持专注和干净。

封装的领域自然会倾向于高内聚和低耦合——这是理想的特征。高内聚和低耦合的软件更容易演进，因为变更的"爆炸半径"往往更小。当相互关联的方法、变量和类在模块或包中相互聚集时，代码就具有高内聚性。解耦的代码是自成一体的，对其逻辑的改变不需要对其他软件组件也进行改变。

开发人员经常以"层"为单位来思考软件：前端、中间层和后端。分层代码根据技术领域再进行分组，所有的 UI 代码在一个地方，所有的对象持久层在另一个地方。按技术领域进行分组的代码在单一业务领域内效果很好，但随着业务的发展，就会变得很混乱。每一层都有独立的团队，会增加协调成本，因为每一项业务逻辑的变化都会影响到所有的软件分层。共享的水平分层使开发人员很容易在不同领域之间混合业务逻辑，从而导致复杂的代码。

识别领域边界和封装领域知识既是一门科学又是一门艺术。有一种完整的架构方法叫作领域驱动设计（domain-driven design，DDD），它定义了一套广泛的概念和实践，将商业概念映射到软件上。只有在最复杂的情况下才需要全覆盖的 DDD。不过，熟悉DDD 将有助于你做出更好的设计决策。

11.3 可演进的 API

随着需求的变化，你需要改变你的 API，即代码之间的共享接口。

改变 API 很容易，但很难做到正确。许多小型的、合理的变更会导致混乱的局面。更糟的是，一项 API 的小型的变更会完全破坏兼容性。如果一个 API 以不兼容的方式进行变更，客户端就将中断，这些中断可能不会立即显现出来，特别是那些在运行时而不是在编译时中断的变更。小巧的、定义明确的、具有兼容性的和版本化的 API 将更容易使用和演进。

11.3.1　保持 API 小巧

小巧的 API 更易于理解和演进。较大的 API 会给开发者带来更多的认知负担，你将有更多的代码需要文档化、支持、调试和维护。每一个新的方法或字段都会增大 API，并进一步将你困在一个特定的使用模式中。

应用 YAGNI 哲学：只添加即刻需要的 API 方法或字段。当创建一个 API 数据模型时，只添加你当时需要的方法。当使用一个框架或生成器工具来引导生成你的 API 时，清理掉你不使用的字段或方法。

带有许多字段的 API 方法应该有合理的默认值。开发人员可以只专注于和自己相关的字段，因为它们会继承其他字段的默认值。默认值可使大型 API 在感觉上很小巧。

11.3.2　公开定义良好的服务端 API

可演进的系统拥有定义明确的请求和响应模式，这些模式都是有版本的，并且有明确的兼容性约定。模式定义应该被公开，这样它们就可以被用来自动测试客户端和服务端的代码（详见 8.3.2 小节）。

切记使用标准工具来定义服务端 API。一项定义良好的服务将声明其模式、请求和响应的方法以及异常。OpenAPI 通常用于 RESTful 服务，而 non-REST 服务则使用 Protocol Buffers、Thrift 或类似的接口定义语言（interface definition language，IDL）。定义良好的服务端 API 使编译时的验证更为容易，并使客户端、服务端和文档保持同步。

接口定义工具自带代码生成器，可以将服务的定义转换为客户端和服务端代码。文档也可以被生成，测试工具可以使用 IDL 来生成 stub 数据[①]和模拟数据。一些工具甚至有主动探索的特性：可以找到服务，了解是谁在维护它们，并显示服务是如何使用的。

如果你的公司已经选择了某个 API 定义框架，那么就去使用它，选择一个"更好的"框架将需要太多的互操作工作。如果你的公司仍然在手动生成 REST API，并且 JSON 接口是在没有正式规范的情况下从代码中演进而来的，那么你最好的选择之一就是 OpenAPI，因为它可以在预先存在的 REST 服务上进行改造，并且不需要进行重大迁移即可采用。

11.3.3　保持 API 变更的兼容性

使 API 变更保持兼容性可以让客户端和服务端版本独立发展。你需要考虑两种形式的兼容性：向前兼容和向后兼容。

向前兼容的变更允许客户端在调用旧版的服务时使用新版的 API。一个正在运行 1.0 版 API 的网络服务，但可以接收来自使用 1.1 版 API 的客户端的调用，这就是向前兼容。

向后兼容的变更则恰恰相反：新版本的库或服务不需要改变旧的客户端代码。如果针对 1.0 版 API 开发的代码在使用 1.1 版时能继续编译和运行，这种变更就被称为向后兼容。

让我们看看用协议缓冲区定义的一个简单的 gRPC Hello World 服务端 API，如代码清单 11-3 所示。

代码清单 11-3

```
service Greeter {
  rpc SayHello (HelloRequest) returns (HelloReply) {}
```

[①]　stub 数据代表的是真实的对象，故又称为存根数据。

```
}

message HelloRequest {
  string name = 1;
  int32 favorite_number = 2;
}

message HelloReply {
  string message = 1;
}
```

Greeter 服务中有一个方法，叫作 SayHello，它接收了一个 HelloRequest 并返回一个 HelloReply，其中有一条关于 favorite_number 的有趣信息。每个字段旁边的数字是字段序号，协议缓冲区内部使用数字而不是字符串来指代字段。

假设我们决定通过电子邮件发送我们的问候消息。我们就需要添加一个电子邮件地址字段，如代码清单 11-4 所示。

代码清单 11-4

```
message HelloRequest {
  string name = 1;
  int32 favorite_number = 2;
  required string email = 3;
}
```

这是一项向后不兼容的变更，因为旧的客户端并不会提供电子邮件地址。当客户端用旧的 HelloRequest 调用新的 SayHello 时，电子邮件地址将会丢失，所以服务端无法解析该请求。删除所需的关键字，并在没有提供时跳过电子邮件地址，将保持向后兼容。

必填字段造成了棘手的可演进性问题，以至于它们从 Protocol Buffers v3 中被移除。Protocol Buffers v2 的主要作者肯顿·瓦尔达说，"Protocol Buffers 中的 required 关键字被证明是一个可怕的错误"（可以在 Protocol Buffers 的官方网站找到原文）。许多其他系统都设有必填字段，所以要小心并记住，"必填项永远存在"。

我们可以通过调整 `HelloRequest` 来创造向前兼容的变更。也许我们想适应负数的收藏夹。协议缓冲区的文档中写道"如果你的字段可能有负值，请使用 `sint32` 代替"，所以我们相应地改变 `favorite_number` 的类型，如代码清单 11-5 所示。

代码清单 11-5

```
message HelloRequest {
  string name = 1;
  sint32 favorite_number = 2;
}
```

将 `int32` 改为 `sint32` 既不向前兼容也不向后兼容。那些使用了新版的 `HelloRequest` 的客户端将使用与旧版 `Greeter` 不同的序列化方案对 `favorite_number` 进行编码，因此服务端将无法解析它，而新版 `Greeter` 将无法解析来自旧客户端的消息。

针对 `sint32` 的变更可以通过增加一个新的字段来实现向前兼容。协议缓冲区允许我们重命名字段，只要字段序号保持不变，如代码清单 11-6 所示。

代码清单 11-6

```
message HelloRequest {
  string name = 1;
  int32 _deprecated_favorite_number = 2;
  sint32 favorite_number = 3;
}
```

服务端代码需要处理这两个新增的字段，只要同时支持旧的客户端调用。一旦展开了此项更新，我们就可以监控客户端使用已废弃字段的频率，并在客户端升级或终止支持的时间表到期时进行清理。

我们的示例使用协议缓冲区，因为它具有强类型系统，并且类型兼容性可以更直接地展示和推断出来。同样的问题也发生在其他情况下，包括"简单的"REST 服务。当客户端和服务端的内容预期出现分歧时，无论你使用什么格式，都会出现错误。此外，你需要担心的不仅仅是消息字段本身，消息语义的改变，或者某些事件发生时的业务逻辑，也可能向后或向前不兼容。

11.3.4　API 版本化

随着 API 的不断演进，你将需要决定如何处理多个版本的兼容性。完全向后兼容和向前兼容的变更意味着 API 的所有的历史版本和未来版本都可以相互操作。这可能很难维护，会产生像处理废弃字段逻辑这样的棘手问题。不太严格的兼容性承诺将允许更彻底的代码变更。

最终，你会想变更你的 API，使之与旧的客户端不兼容——例如一个必填的新字段。版本化你的 API 意味着你在做出改变时将引入一个新的版本。老用户可以继续使用旧的 API 版本，跟踪版本也有助于你与你的用户沟通——他们可以告诉你他们正在使用的版本，你也可以用新的版本推销新的特性。

API 版本通常由 API 网关或服务网格来管理。附带版本的请求会被路由到相应的服务：v2 请求会被路由到 v2.x.x 服务端实例，而 v3 请求会被路由到 v3.x.x 服务端实例。在没有网关的情况下，客户端直接向特定版本的服务主机发起 RPC 调用，或者由一个服务端实例在内部运行多个版本。

API 版本化自有其代价。旧的主版本服务需要被维护，修复的 bug 也需要回传到以前的版本。开发人员需要跟踪哪些版本支持哪些特性，缺少版本管理工具会把版本管理的工作推给工程师。

管理版本所采用的方法要务实。第 5 章所讨论的语义化版本管理是一种常见的 API 版本管理方案，但是许多公司使用日期或其他的数字化方案对 API 进行版本管理。版本号可以在 URI 路径、查询参数或 HTTP 报文头的 Accept 中指定，或者使用无数其他的技术。所有的方案各有利弊，也有很多激烈的观点。如果你的公司没有标准，请向你的管理者和技术负责人询问他们对什么才是最好的方案的看法。

　　将文档与你的 API 一起保持版本化。开发人员在处理旧版本的代码时需要准确的文档。如果用户先参考了不同版本的文档，然后却发现他们使用的 API 与之不符，这着实令人困惑。在主代码库中提交 API 文档有助于保持文档和代码的同步，代码的拉取请求可以在改变 API 和改变业务逻辑的同时也更新文档。

　　当客户端代码难以变更时，API 的版本管理最有价值。通常你对外部（用户的）的客户端控制较少，所以面向客户的 API 是非常重要的版本。如果你的团队同时控制着服务端和客户端，你也许可以不需要进行内部的 API 版本管理。

11.4　可持续的数据管理

　　API 比持久化数据存续的时间更短，因为一旦客户端和服务端 API 都升级了，就意味着工作完成了。但数据必须随着应用的变化而演进。数据演进的范围从简单的结构变化，如添加或删除一个列，到使用新的 schema①覆盖数据、修复损坏、重构以匹配新的业务逻辑，以及从一个数据库到另一个数据库的大规模迁移。

　　隔离数据库和使用明确的 schema 将使数据演进更易于管理。一旦有了一个隔离的数据库，你只需要担心 API 变更对你自己应用程序的影响。schema 可以保护你免于读取或写入畸形的数据，而自动的 schema 迁移可以预测 schema 的变化。

11.4.1　数据库隔离

　　共享的数据库很难演进，并且会导致丧失自主性——开发人员或团队对系统进行独立修改的能力。你必须优先考虑其他人如何使

---

①　在数据库领域中，schema 也被称为"模式"，这很容易和我们前文提到的模式（pattern）混淆，所以此处保留英文原文。

用你的数据库，否则你无法安全地修改 schema，甚至无法读取和写入。当 schema 成为一种非官方的、根深蒂固的 API 前提时，架构就会变得很脆弱。各自独立的应用数据库使修改变得更容易。

　　互相隔离的数据库各自只由一个应用程序访问，而共享的数据库则由多个应用程序共同访问（见图 11-1）。

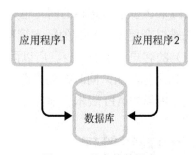

图 11-1　共享的数据库

　　共享的数据库带来了几个问题。拥有共享数据库的应用程序可以发展到直接依赖对方的数据，应用程序应该作为它们所使用的底层数据的控制点。在提供数据之前，你不能在你的原始数据上应用业务逻辑，如果某些查询绕过应用程序直接访问数据，则在迁移的过程中将无法轻松地把查询重定向到新的数据存储上。如果有多个应用程序都在写入数据，数据的含义（即语义）可能会产生分歧，使用户难以推断。应用程序数据并不受保护，所以其他应用程序可能会以意想不到的方式对其进行突变。schema 不是相互隔离的，某个应用程序的 schema 变化可能会影响到其他应用程序。性能也不是相互隔离的，所以如果某个应用程序使数据库不堪重负，那么所有其他的应用程序都会受到影响。在某些情况下，可能也会突破安全的边界。

　　相比之下，隔离的数据库只有一个读取者和写入者（见图 11-2）。其他所有流量都通过远程过程调用。

　　隔离数据库为你提供了共享数据库所不具备的灵活性和隔离性。在对数据库 schema 进行修改时，你只需要担心你自己的应用程序，而数据库的性能只是由你的使用情况决定的。

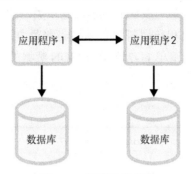

图 11-2　隔离的数据库

在某些情况下，共享数据库是有价值的。当分解一个巨型的单体时，在数据被迁移到一个新的隔离的数据库之前，共享数据库可以作为一个有用的中间步骤。管理许多数据库需要很高的运维成本。在早期，将许多数据库放在同一台计算机上可能是合理的，但要确保任何共享的数据库最终都会被隔离、拆分或替换。

11.4.2　使用 schema

僵化的预定义数据列和类型，以及它们演进的重量级过程，会导致流行的无模式（schemaless）数据管理的出现。大多数现代数据存储都支持 JSON 或类似 JSON 的对象，而不需要预先说明其结构。无模式并不意味着"没有模式"（数据将无法使用），相反，无模式数据有一种隐含的模式，可以在读取时被提供或推断出来。

我们在实践中发现，采用无模式的方法会产生明显的数据完整性和复杂性问题。强类型的面向 schema 的方法降低了应用程序的隐蔽性，因此也降低了其复杂性。短期的简单性需求通常不值得在隐蔽性方面做出牺牲。就像代码本身一样，数据有时被描述为"一次写入，多次读取"，使用 schema 可以使读取更容易。

你会认为如果没有 schema 会使变更变得容易：你只需在需要修改数据结果时新增或停用字段。无模式的数据实际上使变更变得更加困难，因为你不知道在你演进数据的同时在破坏什么。数据很快就会变成一锅难以理解的不同记录类型的"大杂烩"，开发人员、业务分析员和数据科学家都要非常费力才能勉强跟上。对于想要解析如代码清单 11-7 所示的 JSON 数据的数据科学家来说，这将是一段艰难的日子。

代码清单 11-7

```
{"name": "Fred", "location": [37.33, -122.03], "enabled":
true}
{"name": "Li", "enabled": "false"}
{"name": "Willa", "location": "Boston, MA", "enabled": 0}
```

为你的数据定义明确的 schema 将使你的应用程序保持稳定，并使你的数据可用。明确的 schema 会让你在编写数据时可以对其进行合理性检查，使用显式 schema 解析数据通常会更快捷。架构还可以帮助你检测到前后不兼容的变化。数据科学家知道如代码清单 11-8 所示的数据的期望值都是什么。

代码清单 11-8

```
CREATE TABLE users (
  id BIGINT AUTO_INCREMENT PRIMARY KEY,
  name VARCHAR(100) NOT NULL,
  latitude DECIMAL,
  longitude DECIMAL,
  enabled BOOLEAN NOT NULL
);
```

僵化的显式 schema 也有一项成本：它们可能难以改变。这是设计上的问题。schema 迫使你放慢脚步，思考现有的数据将如何被迁移，以及下游用户将如何受到影响。

不要将无模式的数据隐藏在已经模式化的数据中。我们很想偷懒，把一个 JSON 字符串塞进一个叫作"data"的字段，或者定义一个字符串的映射来包含任意的键值对。隐藏无模式的数据是"自取灭亡"，你获得了显式 schema 的所有痛苦，却没有任何收益。

在某些情况下，无模式的方法是有必要的。如果你的主要目标是快速变化——也许在你知道你需要什么之前，也许你在快速迭代，或者当旧数据几乎没有价值时——无模式的方法可以让你少走弯路。有些数据是合法却非统一的；有些记录有某些字段，而其他的没有。在迁移数据时，将数据从显式模式转换到隐式模式也是一项有用的技巧，你可以暂时地让数据无模式化，用以缓解向新的显式 schema 的过渡。

11.4.3 schema 自动化迁移

改变一个数据库的 schema 是危险的。一项微小的调整如增加一个索引或删除一列，都可能会导致整个数据库或应用程序陷入停顿。通过直接在数据库上手动执行数据描述语言（data description language，DDL）命令来管理数据库的变更很容易出错。不同环境下的数据库 schema 是不同的，数据库的状态是不确定的，没有人知道谁在什么时候改变了什么，性能的影响也不清楚。容易出错的变更和可能出现的重大宕机是一个爆炸性的组合。

采用数据库 schema 管理工具使数据库的变更操作不那么容易出错。自动工具为你做了两件事情：它迫使你跟踪 schema 的整个历史，并为你提供工具，将 schema 从一个版本迁移到另一个版本；跟踪 schema 变化，使用自动化数据库工具，并与你的数据库团队合作管理 schema 演变。

schema 的整个履历通常保存在一系列的文件中，这些文件定义了从最初创建 schema 一直到现在的形式的每一项变化。跟踪文件中的 DDL 变化有助于开发人员了解 schema 随着时间是如何变化的。在 VCS 中跟踪的文件将显示谁在什么时候、因为什么做了哪些修改，拉动请求将提供 schema 评审和代码质量检查的机会。

我们可以从 11.4.2 小节中取出我们的用户表，并把它放在一个被版本托管的文件中，供 Liquibase 等模式迁移工具使用，如代码清单 11-9 所示。

代码清单 11-9

```
--liquibase formatted sql
--changeset criccomini:create-users-table
CREATE TABLE users (
  id BIGINT AUTO_INCREMENT PRIMARY KEY,
  name VARCHAR(100) NOT NULL,
  latitude DECIMAL,
  longitude DECIMAL,
  enabled BOOLEAN NOT NULL
);
--rollback DROP TABLE users
```

然后我们可以在一个单独的代码块中定义一条 ALTER 命令，如代码清单 11-10 所示。

代码清单 11-10

```
--changeset dryaboy:add-email
ALTER TABLE users ADD email VARCHAR(255);
--rollback DROP COLUMN email
```

Liquibase 可以通过 CLI 使用这些文件来升级或降级 schema，如代码清单 11-11 所示。

代码清单 11-11

```
$ liquibase update
```

如果 Liquibase 被指向一个空数据库，它将同时执行 CREATE 和 ALTER 命令。如果它被指向一个已经执行过 CREATE 命令的数据库，它将只执行 ALTER 命令。像 Liquibase 这样的工具经常在数据库本身的特殊元数据表中跟踪数据库 schema 的当前版本，所以如果你发现名称为 DATABASECHANGELOG 或 DATABASECHANGELOGLOCK 的表时，不要惊讶。

在前面的例子里，Liquibase 命令是在命令行中运行的，通常由数据库管理员（DBA）来执行。有些团队会通过 commit hook[①]或 Web UI 来自动化这套执行过程。

不要把数据库和应用程序的生命周期联系在一起。将 schema 迁移与应用程序的部署联系起来很危险，schema 的变更会很微妙，并且会对性能产生严重的影响。应该将数据库迁移与应用部署分开，可以让你控制 schema 变化的具体时机。

Liquibase 只是可以管理数据库迁移的工具之一，此外还有其他一些工具，如 Flyway 和 Alembic。许多对象资源映射器（object-resource mapper，ORM）也有 schema 迁移管理器。如果你的公司已经有了一个，那就使用它；如果没有，那就和团队一起找出要使用的工具。一旦选定，就要使用数据库迁移系统来处理所有的变更，绕过选定的工具将否定它的益处，因为跟踪的内容已经与现实相差甚远。

也存在更复杂的数据库操作工具。像 GitHub 的 gh-ost 和 Percona 的 pt-online-schema-change 这样的工具可以帮助 DBA 在不影响性能的情况下运行大型的 schema 变更。其他工具，如 Skeema 和 Square 的 Shift，都提供了更复杂的版本管理的特性，让你 "diff" 数据库 schema 并且可以自动得出变更内容。所有这些工具都有助于使数据库的演进更加安全。

大多数迁移工具都支持回滚，也就是可以撤销迁移产生的变化。回滚能做的有限，所以要小心使用。例如，回滚删除的列将重新创建一列，但它不会重新创建那些曾经存储在该列中的数据！谨慎的做法是在执行删除操作前备份整张表。

[①]　commit hook 是一种 Git 的使用技巧，用户提交代码之后，会触发相应的事件。而利用这种触发机制，就可以完成后续的自动化检查、构建、发布等一系列流程。

由于这些变更都是永久性的并且是大规模的，所以组织中通常会设有特定的子团队来负责确保这些变更可以正确地完成。这些人可能是 DBA、运维工程师或 SRE，或一组熟悉工具、性能影响和特定应用问题的高级工程师。这些团队是理解数据存储系统细微差别的重要资源，请向他们学习。

11.4.4　保持 schema 的兼容性

写入磁盘的数据也有和 API 一样的兼容性问题。像 API 一样，数据的读取者和写入者可以独立变化，它们可能不是同一个软件，也可能不在同一台计算机上。而且，像 API 一样，数据有一个带有字段名称和类型的 schema，以向前或向后不兼容的方式改变 schema 会破坏应用程序。应使用 schema 兼容性检查来探知不兼容的变更，并使用数据产品来解耦内部和外部 schema。

开发人员认为数据库只是隐藏在其他系统后面的实现细节。理想的情况应该完全封装数据库，但在实践中往往不能实现。即使生产环境的数据库隐藏在应用程序的后面，数据也经常被导出到数据仓库中。

数据仓库是专门用于分析和生成报告的数据库。组织通过设置抽取、转换、装载（extract transformation load，ETL）的数据管道，从生产环境的数据库中抽取数据，并将其转换和装载到数据仓库中（见图 11-3）。

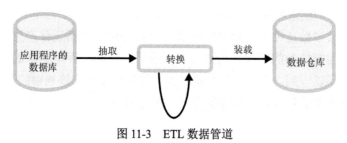

图 11-3　ETL 数据管道

ETL 管道在很大程度上依赖于数据库 schema。在生产环境的数据库中简单地删除某列可能会导致整个数据管道停滞。即使删除一列不会破坏数据管道本身，下游的用户也可能将该字段用于报告、机器学习模型或专门的查询之中。

其他系统也可能依赖于你的数据库 schema。变更数据捕获（change data capture，CDC）是一种基于事件的架构，将插入、更新和删除操作转换为下游使用者的消息。对"members"表的插入操作可能会触发一条消息，电子邮件服务会根据这条消息向新用户发送电子邮件。这样的消息是一种隐含的 API，对 schema 进行向后不兼容的修改会破坏其他服务。

数据仓库管道和下游用户必须受到保护，以免遭受 schema 变更带来的不良影响。在生产环境中正式执行之前，需要验证你的 schema 变化是否安全。兼容性检查应该尽早地进行，最好是在提交代码时通过检查数据库 DDL 语句来进行。如果在生产环境前一阶段有集成测试环境，就在其中执行 DDL 语句，这样也可以保护这些变更。运行你的 DDL 语句和集成测试，以验证下游系统不会崩溃。

你也可以通过导出将内部模式与下游用户显式解耦的数据产品来保护内部 schema。数据产品将内部 schema 映射到独立的面向用户的 schema，开发团队同时拥有生产环境的数据库和供发布的数据产品。独立的数据产品，可能只是数据库视图，允许团队与数据的消费者保持兼容，而不必冻结其内部的数据库 schema。

11.5 行为准则

需要做的	不应该做的
➤ 牢记 YAGNI 原则："你不是真的需要"	➤ 无目的地构建过多的抽象模型
➤ 使用标准类库和开发模型	➤ 编写隐含排序需求和参数需求的方法

➤ 使用 IDL 来定义你的 API

➤ 使用怪异代码让其他开发者感到惊讶

➤ 对外部 API 和文档进行版本管理

➤ 对 API 进行不兼容的变更

➤ 隔离不同应用程序的数据库

➤ 对内部 API 的版本控制持教条态度

➤ 对所有的数据定义显式的 schema

➤ 在字符串或字节字段中嵌入无模式数据

➤ 使用迁移工具来进行数据库 schema 的自动化管理

➤ 如果下游数据消费者使用到了你的数据，保持 schema 的兼容性

11.6 升级加油站

在尼尔·福特、丽贝卡·帕森斯和帕特里克·柯撰写的《演进式架构》(*Building Evolutionary Architectures*，已由人民邮电出版社于 2019 年引进出版)中可以找到关于可演进架构的详细说明。关于可演进 API 和数据的更多深度思考，请阅读他们的作品。他们简要地讨论了 DDD。要想获得完整的经验，请参考沃恩·弗农的《实现领域驱动设计》(*Implementing Domain-Driven Design*，已由电子工业出版社于 2014 年引进出版)。

我们在本章开头引用了约翰·奥斯特霍特关于复杂性的研究，请阅读他的优秀（也很简短）著作《软件设计的哲学》(*A Philosophy of Software Design*，由 Yaknyam 出版社于 2018 年出版)，以了解更多的关于复杂性的内容以及如何管理复杂性。

扎克·特尔曼的《Clojure 的要素》(*Elements of Clojure*，可以在其官方网站上找到)是一本精彩的书，只有 4 章。"名称"、"惯用语"、"间接寻址"和"构成"，他对这 4 个主题进行了清晰、简明的讨论，这将有助于你构建可演进的架构（即使你从未接触过

Clojure 代码）。

理查德·希基有一场精彩的演讲，叫作"简单造就易用"（"Simple Made Easy"）。希基的演讲讨论了简单性、复杂性、易用性以及如何构建优秀的软件，这场演讲属于必看的内容。

扎马克·德加尼撰写的《数据网格：规模化地提供数据驱动的价值》（*Data Mesh: Delivering Data-Driven Value at Scale*，由 O'Reilly Media 出版社于 2022 年出版）包含对数据产品的更深入讨论。

马丁·科勒普曼的《数据密集型应用系统设计》（*Designing Data-Intensive Applications*，已由中国电力出版社于 2018 年引进出版）是一本涵盖了数据演进、数据 schema、IDL 和变化数据捕获等诸多主题的优秀图书。这本书是一部经典之作，我们强烈推荐它。

第 **12** 章

敏捷计划

软件开发应该有计划和与之相应的跟踪。你的队友想知道你在做什么，这样他们就能与你有效地配合。团队需要跟踪进度，这样他们就可以计划未来的工作，并在开发过程中发现新的状况时纠正方向。如果没有一个深思熟虑的过程，项目就会拖延，外部需求会抢走注意力，而运维问题也会分散开发人员的注意力。

敏捷开发是一种软件开发模型，被广泛采用于快速交付优质软件的场景。了解核心理念和常见的敏捷过程的目标，如冲刺计划、每日站会、评审和回顾，将有助于你有效地实践它们。本章将向你介绍敏捷计划的基础知识和 Scrum（一种被普遍采用的敏捷框架）的关键实践，这样你就可以马上着手实践了。

12.1 敏捷宣言

要理解敏捷开发实践，你必须要首先理解敏捷哲学。敏捷开发诞生于 2001 年，是由以前的开发过程（如极限编程、Scrum、特征驱动开发和实用主义编程）的领导者合作完成的。敏捷过程的创建者撰写了《敏捷软件开发宣言》来描述支撑该过程的核心原则。

> 我们一直在实践中探寻更好的软件开发方法，身体
> 力行的同时也帮助他人。由此我们建立了如下价值观。
> **个人和互动**高于流程和工具
> **工作的软件**高于详尽的文档
> **客户合作**高于合同谈判
> **响应变化**高于遵循计划
> 也就是说，尽管右项有其价值，我们更重视左项的价值。

宣言读起来有点儿古怪，但它提到了一些重要的观点。敏捷实践的重点是与团队成员和客户的合作；认识、接受并消化变更；注重迭代改进而不是大爆炸式的开发发布。敏捷开发模型通常与瀑布流模型形成对比，瀑布流模型是指在项目开始时就进行详尽的计划，这是一种过时的做法。

具有讽刺意味的是，一旦敏捷开发模型流行开来，"黑带忍者"、权威认证和流程顾问就会笼罩在一些组织之上。人们迷恋于"做敏捷"的"正确"方法，而往往损害了第一个原则："个人和互动高于流程和工具"。

12.2 敏捷计划的框架

Scrum 和看板是两个最常见的敏捷计划框架。最流行的是 Scrum，它鼓励短期迭代，并经常设有检查点来调整计划。开发工作被分成几个冲刺阶段。冲刺的周期各不相同，最常见的是两个星期。在冲刺开始时，每个团队都会安排一场冲刺计划会议来分配工作，这些工作被记录在用户故事或任务池中。规划之后，开发人员便开始工作，工作进展在任务票或问题系统中被跟踪。每天都设有一个简短的站会，以分享最新情况并指出问题。在每个冲刺阶段结束后，团队会进行一次回顾总结，回顾已经完成的工

作、讨论新的发现、查看关键指标，并对执行过程进行微调。回顾会可以为下一轮冲刺的计划会提供信息，创建一个从计划到开发到回顾会再到计划的闭环。

看板不像 Scrum 那样使用固定周期冲刺。相反，看板定义了工作流程中的各个阶段，所有的工作条目都要经历这些阶段（例如，待着手、计划中、实施中、测试中、部署、展开）。团队经常定制看板阶段以适应他们自己的需求。看板通过限制每个阶段的任务数量来限制正在进行中的工作（WIP）。通过限制任务票的数量，团队被迫在承担新工作之前要完成现有的任务。看板相当于为每个工作流程阶段设置了垂直列的仪表盘，由标题框代表的任务，随着状态的变化在各列之间移动。看板将进行中的工作可视化，并识别出诸如工作在某一阶段中形成了积压之类的问题。例如，当看板显示大量的工作停留在测试阶段时，团队可能会做出调整，将一些开发的工作暂时转入"待着手"的工作中，并派工程师来帮助测试。看板对像支持工程师和 SRE 这样的团队来说效果极好，他们要处理大量传入的请求，而不是长期的项目。

团队其实很少实施 Scrum 或看板的"柏拉图式的理想"，他们从中挑选一些来进行实践，改变或忽略其他的。无论你的组织是采用 Scrum、看板，还是两者的混合体 Scrumban（这确实是一个真实存在的东西！），或者敏捷的其他变体，规划过程应该服务于提供有用的软件给客户。将注意力集中在目标上，而不是机制上。实验并测量结果，只保留有效的东西，放弃其他的。

12.3　Scrum 框架

大多数软件团队都在实施某种形式的 Scrum，所以你需要了解它是如何运作的。所有的计划通常都是从前期工作开始的。开发人员和产品经理创建新的用户故事，并对未着手的任务进行分类。用户故事被分配给故事点，以评估其复杂性，并被分解成子任务。较大的用户故事与尖峰故事一起进行设计和研究。在冲刺计划期间，团队选择哪些故事在下一个冲刺阶段完成，使用故事点来防止过度承诺。

12.3.1　用户故事

用户故事是一种特殊的任务票，它从用户的角度定义了特性的需求，格式是"作为一名<用户>，我<想><这样>"。下面是一个例子："作为一名管理员，我想给我的会计人员授予查看权限，这样他们就可以看到收到的账单。"编写以用户为中心的描述时，要把重点放在提供用户价值上。

一种常见的用户故事的误用是把常规的任务描述塞进用户故事中，如"作为一名开发者，我需要把着色器插件升级到 8.7 版本"或"作为一名用户，我希望在页脚显示隐私政策"。这样的故事忽略了整个问题的全貌。为什么着色器插件需要更新，这会带来什么价值，谁想要它？是"用户"想要这项政策，还是合规官员想要？如果你要费心写用户故事而不是任务，那就写出良好的用户故事。

用户故事通常在其标题和描述旁边设有属性。最常见的两个属性是预估工数和验收标准。用户故事的预估工数是对实现该用户故事所需努力的猜测，验收标准则定义了该用户故事何时完成。验收标准使开发人员、产品经理、QA 和用户保持一致，尝试为每项验收标准写出明确的测试。

- 管理员权限页列出了"账单报表"的选项。
- 被授予了"账单报表"查看权限的非管理员可以看到账户中的所有账单报表。
- 在非管理员账户的账单页面上，"编辑"按钮被隐藏了。
- 拥有查看者权限的非管理员无法编辑账单。
- 具有编辑和查看账单权限的非管理员可以看到和编辑账单。

小型的用户故事往往就是工作票，而大型的用户故事则关联实施票或子任务。含糊不清或需要设计的用户故事会被进行"尖峰"，尖峰是一种有时间限制的调查，它使其他故事得以完成。尖峰工作会交付一份设计文档、一项构建或购买的决策、对利弊的评估等。关于设计的更多内容，请参见第 10 章。

12.3.2　任务分解

单一的用户故事可能需要被分解成更小的任务，以预估它需要多长时间才能完成，用来给多名开发人员分配工作，并跟踪实施进度。分解任务的技巧之一是写出非常详细的描述。仔细阅读描述，找出所有的任务。

> 我们需要为 postProfile 添加一个重试的参数。现在，如果发生了网络超时，配置文件就不会更新。我们可能想设置重试的上限，并添加指数级的退避策略，这样我们就不会阻塞太长时间。需要与产品"沟通"，了解它们愿意等待多长时间来完成配置文件的发布。
>
> 一旦完成了代码实现，我们就应该同时进行单元测试和集成测试。我们应该在集成测试中模拟真实的网络超时，以验证退避策略是否正常工作。
>
> 测试完成之后，我们需要将其部署到我们的测试环境之中，然后是生产环境。在生产环境中，我们也许应该把流量分开，慢慢地增加重试行为，因为 postProfile 相当敏感。

像在网络 post 请求中添加重试参数这样简单的事情实际上都有许多步骤：与产品经理一起巩固规范、编码、单元测试、集成测试、部署和梯度升级。将这项工作分解成若干子任务有助于跟踪和协调所有的步骤。

12.3.3　故事点

团队的工作能力是以故事点来衡量的，这是一个约定好的尺度单位（以小时、天或"复杂性"来度量）。一次冲刺迭代的能力是以开发人员的数量乘每名开发人员的故事点来计算的。例如，某个有 4 名工程师的团队，每名工程师有 10 个故事点，其能力为 40 点。用户故事的估计时间也是以故事点来定义的，一次冲刺迭代中所有故事点的总和不应该大于冲刺迭代能力的最大值。

许多团队使用基于时间的任务分配策略，一个故事点相当于一个工作日。基于工作日的估计通常需要考虑到非任务工作——会议、中断、代码评审等，请将一个工作日定义为 4 个小时。

还有的团队以任务的复杂性来定义故事点，采用 T 恤衫尺码大小的方法：1 点是特小，2 点是小，3 点是中等，5 点是大，8 点是特大。认识这个数字排列的模式吗？这就是斐波那契数列！根据斐波那契数列增加故事点的方法有助于消除一些关于 3 点或 3.5 点的争论。点值之间应该有一些差距，也迫使团队对某个项目是大还是小做出偏向于更难一方的决定，而不是一个居中的决定。在更复杂的任务中，差距的增加说明了评估大型工作时的不准确性。

敏捷框架理论对基于时间的预估不屑一顾。实践者们声称，日期拥有感情色彩，并不代表复杂性。非时间单位可以让我们更容易地表达不确定性。变更一个方法可能看起来是小事一桩，但如果这个方法本身就非常复杂，那么可能需要大量的努力。说"这是一个中等复杂度的任务"比说"这将需要我工作整整 3 天"更容易。

人们会热衷于讨论使用时间与复杂度的积分，以及它们的整体的有效程度来度量工作量。我们没有发现关于这个主题非常有效的论据，我们建议采用对你的团队最有效的方法。

预估故事点是主观的，人们往往是糟糕的预估者。提高预估准确性的方法之一是使用相对大小来得出数值。相对大小是指为已完成的任务定义故事点，然后将已经完成的任务与尚未完成的任务进行比较，如果未完成任务的工作量较少，那么它的点数可能就较少；工作量较多的任务可能点数较多；如果这些任务相似，那么它们应该被赋予相同的数值。有时会使用像计划扑克这样的预估方法，但即使你不参加，看一看已完成的工作也会让你对你的团队的故事点的具体值做到心中有数。

12.3.4 消化积压

积压分流或梳理（从修剪树木的意义上讲）通常在计划会议之前进行。所谓积压是指候选的用户故事列表，分流是为了保持它的新鲜度、相关性和优先级。产品经理与工程经理一起阅读积压的用户故事，有时还有开发人员的参与。新的故事被添加进来，过时的故事被关闭，不完整的故事被更新，高优先级的工作被转移到积压列表的顶部。一份已经梳理好的积压列表将更方便地在计划会议中进行讨论。

12.3.5 冲刺计划

一旦前期工作完成，就会召开冲刺计划会议。计划会议是协作性的，工程团队与产品经理一起决定要做什么。讨论高优先级的用户故事，工程师与产品经理一起决定什么适合于描述冲刺迭代的能力。

冲刺迭代的能力是通过查看以前的冲刺中完成了多少任务来确定的。在冲刺计划期间，随着团队成员的加入或离开、休假、On-Call 轮换，每次冲刺迭代的能力都会被进一步完善。

冲刺最重要的特点是周期短，通常为两周。短暂的冲刺使工作的推进变得可行，因为工作最多只需要推进一到两周的时间。小型的冲刺将迫使团队将大型任务分解成小型任务。小型任务更好，因为它们更容易被理解和预估。将工作分解成小型任务，也允许一名以上的开发人员同时在一个项目上工作。较短的开发周期和频繁的接触点——站会和评审——意味着问题将更早地浮现。

一旦完成了冲刺计划，当前冲刺就被认为进入了已锁定的状态。在冲刺期间出现的新工作不应该被拉进来，它应该被推到工作的积压列表中，并计划到未来的冲刺中。锁定冲刺让开发人员专注于他们的工作并带来可预测性。当计划外的工作被拉进来时，团队应该在回顾阶段调查原因，以便在将来减少计划外的工作。

严格遵守冲刺计划的做法并不常见，大多数团队会选择他们要做的事情。有些团队在冲刺计划会议上做预着手的工作，有些团队没有产品经理——开发人员定义所有工作。许多团队不使用用户故事，而是选择格式更开放的任务票或 bug 票。你要预想到各团队之间会有差异。

12.4 站会

在冲刺计划完成后，工作就开始了，团队举行站会，也被称为 Scrum 会议或 huddle 会。站会让每个人都了解你的进展，让你负起责任和保持专注，并让团队有机会对任何危及冲刺目标的事情做出反应。

站会通常是在每天早上安排 15 分钟的会议（快到可以站着完成，不过实际上可以选择是否一定要站着）。在会议上，队友们围成一圈，介绍自上一次站会以来他们所做的工作，他们计划在未来做什么，以及他们是否发现了任何可能拖延或破坏冲刺进程的问题。虽然面对面的站会比较常见，但有些团队也采取了异步的形式。在异步站会中，同样的更新被提交到一个聊天工具或团体电子邮件中，每天都有。

站会是一种定期的系统检查——看一眼你的汽车仪表盘，以确保你有汽油，而且其神秘的"检查引擎"灯并没有亮起。状态应该被快速更新，这并不是一个排除故障的地方。尽量将你对进展的评论限制在最基本的范围内，并提出你有的任何问题。也要宣布你的发现：你发现的 bug、软件的意外行为等。可以在稍后的停车场讨论中谈谈你的发现（当然不是在真正的停车场）。

如果你的团队举行同步站会，应该尽你所能准时参加。如果你的站会涉及更新任务票或问题票的状态，请尽量提前更新那些分配给你的票。在阅读或聆听他人的更新时，你要寻找机会来帮助降低完成冲刺的风险：当有人说某张任务票实际需要的时间比预期的要长，如果你有空闲时间，就自愿去帮忙。

停车场讨论发生在站会之后。这是一种让站会保持简短的方法，并确保讨论与每个与会者相关。当有人说"留到停车场"时，他们的意思是当下停止讨论，有兴趣的人在站会之后继续讨论。

当出现日程安排冲突时，跳过站会是可以接受的。如果你需要错过站会，请询问你的管理者如何提供和获得最新信息。在异步站会的情况下，错过的次数就会比较少。

有许多站会和 Scrum 会议的变化。你可能会听到一些名词，如 Scrum of Scrums 或 Scrumban。Scrum of Scrums 是一种模式，即从每个单独的 Scrum 会议中选出一名领导者去参加第二次 Scrum，所有的团队聚在一起报告他们的团队进展，并指出彼此之间的相互依赖关系。Scrum of Scrums 在运维中很常见，每个团队派一名工程师（通常是 On-Call 人员）去参加运维的 Scrum 会议，以了解运维问题的情况。Scrumban 是 Scrum 和看板的混合体。所有这些的重要之处在于理解你的团队和组织是如何配合的，并在这个框架内工作。

12.5　评审机制

评审发生在某两轮冲刺之间。评审通常分为两个环节：演示和项目评审。在演示环节中，团队中的每个人都会展示他们在本轮冲刺中取得的进展。之后，根据目标对当前的冲刺进行评审。成功的冲刺将完成他们的目标，并有较高的用户故事完成率。

评审会议的结构差别很大。对一些团队来说，演示是会议的重点，而有些团队只关注项目状态的评审。许多团队甚至没有评审。如果你的团队有评审会议，请认真对待，提供真正的反馈，并对你所做的工作感到自豪。你从评审中得到的价值与你在评审中付出的努力成正比。

标准的做法是，每个冲刺周的评审时间不应超过一小时——两周的冲刺迭代将有两小时的冲刺评审。每个人都聚集在办公桌前或会议室里进行演示，团队成员轮流展示他们所做的工作，会议保持非正式。之后，对冲刺目标进行评审，并对完成情况进行评估。

不要为冲刺评审做过度的准备。花几分钟时间弄清楚你要展示的东西，并确保你的任务票状态是准确的。演示是非正式的，所以要避免正式的演讲或发言。

评审是为了庆祝团队的胜利、创造团结、提供反馈的机会，并使团队对进展保持诚实。在一个团队中，并不是所有的开发人员都在做同样的项目，所以评审可以帮助团队成员了解其他人正在做的事情。评审让队友保持同步，让每个人都有机会提供反馈，并认可杰出的工作，可创造凝聚力。项目状态评审也可以帮助团队就什么是真正的"完成"以及他们如何朝着目标前进达成一致，发现的问题可以在冲刺回顾会上讨论。

12.6　回顾会

《敏捷软件开发宣言》中的 12 条原则之一说："每隔一段时间，团队就要反思如何变得更有效，然后相应地调整其行为"。回顾会就是针对这一原则而设立的。

在回顾会中，团队聚在一起讨论自上次回顾会以来有哪些进展，哪些不足。会议通常分为 3 个阶段：分享、确定优先级和解决问题。

领导者（或敏捷专家）将通过要求每个人分享上个冲刺阶段的成功案例和失败经验来召开回顾会。每个人都要参与进来，而敏捷专家会在白板上或共享文件中保留一份清单。然后，团队成员讨论效果不好的条目的优先级——哪些条目造成了最大的痛苦？最后，团队集思广益，讨论如何解决最高优先级的问题。

不要害怕改变事情。敏捷开发实践就是需要具有可塑性，这一点在宣言中有所体现。"个人和互动高于流程和工具"。在每次回顾会之前，花几分钟时间思考什么会让你的团队变得更好。在会议上分享你的想法。

回顾会和评审会经常被混淆。评审会的重点是在某个冲刺阶段完成的工作，而回顾会的重点是流程和工具。回顾会通常发生在冲刺之间，通常是在评审会之后。许多团队在每轮冲刺开始时都会把评审会、回顾会和冲刺计划合并为一个会议。只要每个步骤——评审、回顾和计划——都能得到单独的解决，把这几个会议合并起来就没有问题。

回顾会也是造成敏捷实践有如此众多的风格的原因之一。我们鼓励团队经常重新评估和调整他们的流程，不断地调整意味着不存在两个团队以相同的方式来实践敏捷开发模型。

12.7　路线图

以两周为周期的冲刺迭代是完成中小型工作的好方法，但更庞大的项目需要更先进的规划。客户有开发人员需要遵守的交付日期，企业需要知道哪些团队需要更多的工程师，而大型技术项目需要分解、规划和协调。

管理者使用产品路线图进行长期规划。路线图通常被分成几个季度：1 月到 3 月，4 月到 6 月，7 月到 9 月，10 月到 12 月。

规划在每个季度开始前进行。工程经理、产品经理、工程师和其他利益相关者都会参加会议，讨论即将到来的工作和需达成的目标。规划通常包括一系列的会议和多轮的讨论。

在《德怀特·戴维·艾森豪威尔文集》（*The Papers of Dwight David Eisenhower*，已由约翰·霍普金斯大学出版社于 1984 年出版）第十一卷中，艾森豪威尔说："在准备战斗时，我总是发现计划是无用的，但计划是不可缺少的。"这也适用于路线图。我们从未见过一年甚至一个季度的路线图是百分之百准确的，但这并不是重点。路线图应该鼓励每个人对团队正在构建的东西进行长期思考，它并不是要成为关于团队 9 个月后将构建的东西的静态和不可变的文档。更远的地方应该更模糊，而更近的地方应该更准确。不要自欺欺人地认为任何一个季度都是百分之百准确的。

与被锁定的冲刺迭代不同，路线图是要不断发展的。客户需求会改变，新的技术问题会出现。这就是冲刺计划、评审和回顾的作用，它们可以让你根据新的信息调整你的计划。在改变路线图时，沟通是至关重要的。相关联的团队应该尽早地得到通知，告诉他们工作将被重新安排或放弃。

许多公司都要经历年度计划周期，管理者们在每年的最后一个季度试图为下一年的 4 个季度的工作进行规划。年度规划几乎都是一个充斥着讨价还价的交易场。尽管如此，年度计划周期往往会推动"资源分配"或"人头数"（head count）——公司的说法是指新雇用的工程师最终会去哪里。年度计划通常集中在占团队时间很大比例的大型项目上。如果一个你很感兴趣的项目没有被提及，不要紧张，在规划过程结束时，问问你的管理者该项目情况。

12.8　行为准则

需要做的	不应该做的
➢ 保持站会简短	➢ 痴迷于敏捷开发的"正确做法"
➢ 为用户故事写下详细的验收标准	➢ 害怕改变敏捷流程
➢ 承诺可以在冲刺迭代中实际完成的工作	➢ 将常规任务描述强加给"用户故事"
➢ 如果你无法在冲刺迭代中完成大块工作，请将其分解	➢ 忘记跟踪计划和设计工作
➢ 使用故事点来预估工作量	➢ 尚未完成已提交的工作时又在冲刺开始后追加工作
➢ 务必使用相对尺度和 T 恤尺码来帮助估算	➢ 盲目地遵循流程

12.9　升级加油站

大多数讨论敏捷开发的图书对你来说都过犹不及。这些书非常详细，涵盖了敏捷的多种变体，它们针对的是项目经理和程序经理。请坚持使用在线资源。

我们在本章中提到的《敏捷软件开发宣言》有一个额外的页面，叫作《〈敏捷宣言〉背后的原则》（"Principles Behind the Agile Manifesto"，可以在其官方网页找到全文）。看一下这些原则，以了解更多关于这种软件开发哲学的细节。

Atlassian 网站的文章（可以在其主页的敏捷相关分类中找到）是良好的实用信息的来源。你会发现从项目管理和路线图规划到敏捷中的 DevOps 的所有文章。如果你的团队使用看板而不是 Scrum，Atlassian 网站的看板文章是非常珍贵的资源。

第 **13** 章

与管理者合作

与你的管理者构建工作关系将有助于你发展你的职业生涯、减少压力，甚至交付可靠的软件。与你的管理者合作需要相互了解。你必须了解你的管理者需要什么，这样你才能帮助他们。同样地，你的管理者也必须了解你的需求，这样他们才能帮助你。

本章将帮助你与你的管理者建立有效的关系。我们将给你一份关于管理职业的简短概述：你的管理者是做什么的以及他们如何做。然后我们将讨论常见的管理过程。工程师们经常会遇到像1∶1、PPP 和 OKR 这样的缩写，以及像绩效评估这样的术语，但却不知道它们是什么，为什么而存在，或者它们是如何运转的。我们将教你入门的知识，并告诉你如何从中获得最大收益。然后，我们将给出"向上管理"的提示，并有一段关于如何应对糟糕的管理者的内容。最后，你将拥有一个工具包来建立一段富有成效的关系。

13.1　管理者是做什么的

管理者们似乎总是在开会，但他们实际上在做什么并不明显。工程经理的工作是关于人、产品和流程的。管理者们构建团队、指导和培养工程师，并进行人际关系的动态管理，工程经理还计划和协调产品的开发。他们也可能参与产品开发的技术方面如代码评审和技术架构，但好的工程经理很少写代码。最后，管理者们对团队流程进行迭代，以保持其有效性。管理者们通过与高管或董事（"向上"）合作、与其他管理者（"横向"）合作以及与他们的团队（"向下"）合作来"管理"所有的这些事务。

管理者通过与高管的关系和沟通进行向上管理。管理者是普通工程师和负责商业决策的高管之间的沟通渠道，向上管理对于获得资源（资金和工程师）以及确保你的团队可以得到认可、赞赏和倾听至关重要。

管理者通过与其他管理者合作来进行横向管理。一名管理者有两个团队：他们所管理的所有人和管理者的同行们。管理者同行们一起配合，使团队在共同目标上保持一致。关系的维护、清晰的沟通以及合作的规划，可以确保团队有效地合作。

管理者通过跟踪正在进行的项目的进展来进行管理，设定期望值并给予反馈，明确提出相对优先的事项，雇用员工并在必要时解雇，以及保持团队的士气。

13.2　沟通、目标与成长

管理者创建流程以保持团队和个人工作的顺利运转。我们在第 12 章中介绍了最常见的以团队为中心的流程框架之一——敏捷开发。本节将向你介绍用于维护你与管理者关系的流程。

一对一面谈（1∶1）和进展、计划与问题（progress-plans-problems，PPP）报告用于沟通和更新项目状态，而目标和关键结果（OKR）以及绩效评估则管理目标和成长。当你知道它们是什么以及如何使用它们时，这些过程才是十分有用的。

13.2.1　一对一面谈

你的管理者应该每周或每两周与你安排一次一对一面谈。一对一面谈是你和你的管理者专属的时间，可以用来讨论关键问题、解决大局观上的偏差，并建立富有成效的长期关系。一对一面谈是一种众所周知的做法，但它们往往被用作工作状态检查或故障排除会议而没有发挥很大作用。

你应该制定议程，并在一对一面谈中承担大部分的谈话。在面谈之前，与你的管理者分享一份议程摘要。保存一份包含过去议程和笔记的面谈文档，与你的管理者分享你的文档，并在每次一对一面谈之前和之后更新它。如果你的管理者有某些话题要讨论，他们也可以添加自己的条目，但管理者的议程应该排在你的议程之后。

我们提到了两个重要的观点，所以我们要停下来重申一下：你要在一对一面谈中设置议程，一对一面谈不是用来更新工作状态的。仅仅这两点就可以在几个小时的时间浪费和卓有成效的重要对话之间产生差异。请使用下面的提示作为讨论的主题。

大局观：你对公司的方向有什么疑问？你对组织变革有什么疑问？

反馈：我们可以在哪些方面做得更好？你对团队的计划流程有什么看法？你最大的技术难题是什么？你希望你能做什么而你却做不到？你最大的问题是什么？公司的最大问题是什么？你或团队中的其他人遇到了什么阻碍？

职业生涯：你的管理者对你都有哪些职业建议？你有哪些可以改进的地方？你希望自己有哪些技能？你的长期目标是什么，你觉得你在这些目标上的进展如何？

个人事务：你的生活中有什么新鲜事？你的管理者应该注意你的哪些个人问题？

一对一面谈创造相互理解和联系。谈论一些看似无关紧要的话题很正常——你的猫、你的管理者对彩色运动鞋的喜爱或者天气。你正在努力建立一种关系，这种关系比用代码换取薪水更深入。个人和非主题的谈话很重要，但不要让每次一对一面谈都成为一次社交拜访。

如果你没有收到一对一面谈的邀请，问问你的管理者是否会进行一对一面谈。不是所有的人都会这样做，这很常见。如果你的管理者不做一对一面谈，问问他们希望你如何讨论那些典型的一对一面谈时才能谈及的话题。有些管理者喜欢"懒惰"的一对一面谈，他们让每个人自己来安排谈话的时间。如果没有安排面谈，管理者们会认为没有什么可讨论的。你应该在大多数星期都有东西可谈，我们刚刚给你的清单就很长。

如果你的管理者一再取消与你的一对一面谈，你需要和他们谈谈这个问题。他们的工作职责之一是管理他们的团队，而管理的一部分就是对你投入时间。"太忙了"不是借口。如果他们找不到时间与你进行一对一交流，这个问题就应该得到解决。对管理者而言，反复取消一对一面谈可以是一个有价值的信号。这样的对话不需要（也不应该！）成为一种对抗，这就是你的管理者想要并且需要的反馈类型。

缺失的一对一面谈

德米特里曾经被一次重组所波及，重组后的团队乱作一团。最后有近 20 个人会向他直接报告，其中一些人与他友好相处了多年，而另一些人则是新来的。有许多事情要做——了解新人们，为团队规划一份路线图，改进旧的系统，并创建新的系统。整整一年后，德米特里发现，由于他们的友好关系，德米特里忘记了与他的一名组员建立定期的报告机制！直至那名员工专门找时间和他说他想换到另一个团队时，德米特里才发现自己忘了这一点。而换团队的原因之一就是他想要一名能更多地参与他的职业发展的管理者，现有的友好关系不能替代职业发展。由于太忙而无法进行一对一面谈的管理者可能由于太忙而无法成为管理者！

　　你也可以与你的管理者以外的人建立一对一面谈，接触那些你认为可以向之学习的人。事实上，如果你的公司没有正式的指导计划，那么与高级工程师进行一对一面谈就特别有帮助。一对一面谈也是一种熟悉组织的不同部分的好方法。同样，确保你有一份议程，这样你就不会落入只会"检查工作状态"式的一对一面谈。

13.2.2　PPP

　　PPP 是一种常用的更新工作状态的格式。更新工作状态并不是为了计算你的时间，它是为了帮助你的管理者发现问题，找到你需要背景信息的领域，以及提供将你与正确的人联系起来的机会。在工作状态的更新中也会浮现出一对一面谈的主题，并帮助你反思你已经到达的地方、你要去的地方以及什么阻碍了你的发展。

　　顾名思义，PPP 中的每个 P（进展、计划与问题）都有自己的小节。每个小节应该有 3 到 5 个要点，每个要点应该很简短，只有 1 到 3 个句子。下面是一个例子。

2022-07-02

进展

- 调试通知服务的性能问题。
- 对通知服务中的电子邮件模板进行了代码评审。

- 垃圾邮件检测服务的设计已经分发，并编写了里程碑编号为 0 的服务。

计划

- 为垃圾邮件检测服务添加系统指标和监控。
- 与工具团队合作，支持安全构建环境中的 PyPI 构件。
- 帮助新入职的员工——为垃圾邮件检测服务安排一次代码预排会议。
- 与数据库管理员合作，添加索引，在假期负载增加前预先修复通知服务的性能问题。

问题

- 团队对我的 PR 进行代码评审时发现了一些问题——有若干待定事项。
- Redis 的稳定性是个问题。
- 面试工作量很大，平均每周 4 次。

分享你的 PPP 给你的管理者和其他对你的工作感兴趣的人——通常是通过电子邮件、Slack 或内部论坛。定期（通常是每周或每月）更新，这取决于组织的自身情况。

如果你一直对过去的 PPP 进行记录，更新 PPP 就会很容易。每当需要报告新的 PPP 时，去创建一个新的条目即可。看看你在上一次 PPP 中的问题，问问自己，其中哪些问题得到了解决，其中哪些问题还持续存在。已解决的问题放在新 PPP 的"进展"部分，持续存在的问题则继续留在"问题"部分。接下来，看一下你在上一份 PPP 中的"计划"部分。你是否完成了计划中的工作？如果是，就把它添加到新 PPP 的"进展"部分。如果不是，你是否计划在下一次 PPP 报告之前完成该任务，或者是否有什么问题阻碍了你计划工作的进展？相应地更新"计划"或"问题"部分。最后，看看你即将着手的工作和日程安排，将你在下一次 PPP 截止日之前预计要做的任何新工作都更新到"计划"部分。整个过程不应该超过 5 分钟。

13.2.3 OKR

OKR 框架是公司定义目标和衡量其是否成功的一种方式。在 OKR 框架中，公司、团队和个人都定义了目标（目的），并为每个目标附上衡量标准（关键结果）。每个目标都附有 3 到 5 个关键结果，它们是标志着目标达成的具体指标。

致力于稳定订单服务的工程师可能会这样定义他们的 OKR。

目标：稳定订单服务。

关键结果：通过健康检查，可以在 99.99% 的时间内正常运行。

关键结果：第 99 百分位数的延迟（P99）小于 20 毫秒。

关键结果：5XX 错误率低于 0.01% 的响应。

关键结果：支持团队可以在 5 分钟内执行故障区域转移。

理想情况下，OKR 从公司的高层通过团队一直流向每个人。每个人的 OKR 都有助于实现其团队的目标，而每个团队的 OKR 都有助于实现公司的目标。如前所述，工程师的 OKR 可能会反馈到团队的 OKR 以提高其稳定性，而团队的 OKR 可能会反馈到公司的 OKR 以提高其客户满意度。

不要把关键结果变成待办事项清单。它们不应该说明如何做某件事，而应该说明你知道如何衡量某件事已经完成。有很多方法可以达成一个目标，你的 OKR 不应该把你框在一个特定的计划里。有一个傻傻的例子有时能更好地说明这一点：如果你的目标是赶到奶奶的生日聚会，关键的结果应该是"20 日之前到达洛杉矶"，而不是"19 日沿着 I-5 公路行驶"，沿着 1 号公路走观光路线或者坐飞机直达都是完全可以接受的到达洛杉矶的替代方法。一个良好的 OKR 可以让我们在需要做出选择的时候自由地选择正确的方法，而不是在我们设定 OKR 的时候就提前做好选择。

　　OKR 通常是按季度设定和评估的。与你的管理者合作，了解公司和团队的目标，使用更高阶的目标来定义你的 OKR。尽量减少 OKR 的数量，这将使你保持专注。每个季度有 1 到 3 个 OKR 是一个合理的数值。如果超过 5 个，你就会把自己搞得过于疲惫。

　　OKR 通常被设定得比合理值略高，以创造"达成"或"延伸"目标的条件。这种理念意味着你不应该百分之百地达成目标的 OKR，这是一个表明你设定的目标还不够高的迹象。大多数 OKR 的实施以 60% 到 80% 的成功率为预期目标，这意味着只有 60% 到 80% 的目标应被实现。如果你达成了 80% 以上的目标，你就会丧失进取心；如果低于 60%，你设置的目标就不太现实或者你的表现没有达到预期。（为什么不把 OKR 设定为 100%，并奖励超额完成的个人呢？多个进取型的目标可以让你灵活地决定在实施过程中舍弃哪个，而不需要像 100% 的完成率所预期的那样精确。）请确保你了解你的公司是把 OKR 当作必须达成的目标，还是有一定预期失败率的附加了进取心的目标！

　　一些公司使用定性目标而不是 OKR。还有一些公司放弃了"O"，只关注关键结果——关键绩效指标（KPI），而不明确说明目标。无论采用哪种框架，个人和团队都需要一种方法来设定目标和评估进展。确保你知道你的目标是什么以及如何评估其是否成功达成。

　　并非所有的公司都会设定个人目标，有些公司只设定团队、部门或公司层面的 OKR。如果你的公司这样做，那么明确地与你的管理者讨论目标期望值以及如何衡量期望值仍不失为一个好主意。

13.2.4　绩效考核

　　管理者会定期进行正式的绩效考核，通常是每年或每半年一次。职级和薪酬的调整一般也是在绩效考核期间进行的。绩效考核会使用一个工具或像下面这样的模板来进行。

- 你今年做了什么？
- 今年有什么事情进展顺利？
- 今年有什么事情可以做得更好？
- 你在职业生涯中想得到什么？你认为自己在 3 到 5 年内会到达什么样的高度？

员工先自我评价，然后由管理者进行回应。最后，管理者和员工聚在一起讨论、反馈。员工通常需要在讨论后在绩效考核的文件上签字，以确认收到考核文件。

在写自我评价时，不要凭记忆行事。记忆是不稳定的，你可能只关注某些难忘的项目。务必保有一份最新的在整个一年中完成的工作的清单——一份已完成的待办事项清单、一套 PPP 或一份"子弹日记"，以唤起你的记忆。看看你在公司的问题跟踪系统中已完成的任务。你完成了哪些里程碑、史诗和用户故事？已合并的代码拉动请求和代码评审也显示了你所做的工作。还有不要忘记你的非工程类的项目，辅导实习生、代码评审、参与面试、博客文章、演讲、文档——所有的这些都应该被认可，使用你所拥有的一切来写一份诚实的自我评价。

绩效考核可能会有压力。试着把考核看作一次机会：回顾你所取得的成果、谈论你接下来要做的事情、公开承认错失、制定下一年的成长计划，并向你的管理者提供反馈。你不应该对你的绩效考核的反馈感到惊讶，如果你感到惊讶，请与你的管理者讨论沟通上的偏差。一份成功的绩效考核应该给你具体的行动来实现你的目标。

你也可能被要求参加"360 度考评"（如"全方位考核法"），员工从各个方向的同事那里征求反馈意见：向上（管理者）、向下（下属）和横向（同行）。同事们回答诸如"我可以做得更好吗？"和"人们害怕告诉我什么？"以及"我做得好的是什么？"等问题。最终，360 度考评鼓励诚实的反馈，给员工一个机会告诉管理者他们做得如何。请认真对待 360 度考评，并给出深思熟虑的说明。

　　管理者应该在一年中经常给予反馈——在一对一面谈的时候、会议后的闲聊或者在聊天中就给予反馈。如果你没有得到足够的反馈，可以在下一次一对一面谈的时候询问你的管理者你做得怎么样，你也可以询问导师或高级工程师。

13.3　向上管理

　　正如管理者需要对上级行政人员和董事进行管理一样，你也需要通过帮助你的管理者并确保他们会帮助你来进行"向上管理"。你可以通过给你的管理者提供反馈来帮助他们，他们也可以通过给你反馈和帮助你实现你的目标来帮助你。如果事情没有得到解决，就不要停下来。失职的管理会给你带来创伤，并损害你的成长。

13.3.1　接收反馈

　　绩效考核和 360 度考评提供了全面的反馈，但它们的频率太低，不能完全依赖。你需要定期的反馈，这样你才能迅速调整。管理者们并不总是主动提供反馈，所以你可能需要主动询问。

　　可以使用一对一面谈的方式来获得反馈。事先把问题发给你的管理者，不事先准备就现场即兴给予反馈会很困难。你应该明确要求得到具体的反馈，"我怎样才能在测试方面做得更好？"比"我怎样才能做得更好？"要好。不要把反馈请求局限在技术问题上，询问关于沟通、职业成长、领导力、学习机会等方面的反馈。如果你需要灵感，可以使用前面一对一面谈部分的提示。

　　不要听信表面上的反馈。你的管理者仅仅是视角之一（尽管是一个重要的视角），试着把管理者的反馈纳入你的观点，而不是直接采用管理者的反馈。问问你自己，你和你的管理者在观点上有什么差异，他们的反馈如何才能与你吻合，他们知道什么而你不知道，诸如此类。

对别人的反馈意见也要给予反馈。如果不这么做，可能会让别人觉得自己的反馈掉入了黑洞。当管理者的反馈得到了响应时，就告诉他们。"我加入了工程阅读小组，就像你建议的那样，阅读论文并与其他团队的工程师讨论，这真的很有趣！非常感谢你的主意，我学到了很多东西。"积极的结果会鼓励他们给予更多的反馈。如果反馈没有效果，也请让你的管理者知情，他们可能有其他的主意。"我加入了工程阅读小组，就像你建议的那样，说实话，它对我没什么用。他们所讨论的论文与我的工作并不紧密相关。你能建议我用其他方式来发展与不同团队的联系吗？"

你也可以通过要求反馈来提供反馈。询问如何做某件事往往会暴露出流程中的漏洞，对于"我怎样才能防止上周的生产事故？"的答案可能是"我们需要建立一个测试环境"。给你的管理者一个通过询问反馈来得出结论而不是直接就提出解决方案的机会。

13.3.2 给予反馈

好的管理者希望从他们的团队中获得反馈。管理者们需要了解事情的进展——哪些是有效的，哪些是无效的。团队中的每个人都会有独特的观点，反馈可消除盲点。

反馈可以关于任何事情：团队、公司、行为、项目、技术计划，甚至是人力资源政策。提出问题，但不要只关注问题。积极的反馈同样有价值：管理者们可能很难知道哪些改变有积极的作用，他们的工作没有单元测试。

在提供反馈时，使用情况、行为和影响（situation-behavior-impact，SBI）框架。首先，描述情况。然后，描述行为：你认为值得表扬的或有问题的具体行为。最后，解释影响：该行为的影响以及它的重要性。下面是一个例子。

情况：我在 1 月完成了新权限服务的所有代码的修

改，并将其交付给运维团队进行展开，但截至今天，即 3 月初，该服务仍未部署。

行为：在过去的 5 个星期里，"即将发布"的仪表板每周都会变更预期的发布日期。数据库的升级也已经等待了几个星期。

影响：这意味着我们有可能超过最后期限，而且一些附属项目也被推迟了。我们有什么可以做的吗？

SBI 框架避免了性格判断和对意图与动机的假设。相反，它专注于事实和可观察到的影响，并将讨论引向缓解和预防。

请注意，你并没有在 SBI 框架中推荐解决方案。你可能心中已经有了解决方案，但最好从问题入手，在提出建议之前了解更多信息。你可能会发现你错过了有价值的信息，或者问题看起来与你想象的不同。在谈话结束时，在你有机会从不同的角度考虑问题后，再讨论你关于解决方案的想法。

应该私下地、冷静地、频繁地给予反馈，一对一面谈是很好的契机。反馈可能会引发强烈的情绪，但要尽量保持清醒的头脑，保持谈话的建设性。私下提供反馈，允许你的管理者与你进行诚实的对话，可以使双方都不感到被攻击。经常地反馈可以消除意外状况，不要等到问题恶化，直到为时已晚。

不一定所有的反馈都是悲观、失望的场景，SBI 框架也适用于积极的反馈。

情况：上周，我们需要为注册工作流的拟议修改撰写一份设计文档，我利用这个机会使用了你创建的新设计文档模板。

行为：关于展开和沟通计划的部分使我们意识到我们完全忘记了让用户支持团队参与这些变化。

影响：我们一联系他们，他们就给了我们一堆有用的反馈意见，而且写文档的速度变得更快，因为我们不需要考虑应该采用何种格式的文档。谢谢你们的工作！

无论是对你的管理者还是你的同事的反馈，并且无论是书面的还是口头的，总是应该尽量让它成为你想收到的那种反馈。问问你自己，你想解决什么问题？你希望的结果是什么——成功解决的标准是什么样子的？

13.3.3　讨论你的目标

不要指望你的管理者知道你对自己职业的要求。你需要清楚地阐述你的目标和愿望，以便你的管理者可以帮助你实现这些目标。正式的绩效考核环节是进行这种对话的好时机。

如果你还没有职业目标，那也没关系。告诉你的管理者你想去探索职业目标，他们将会提供帮助。如果你的兴趣超出了你眼前的范畴，请让他们知情。也不要把自己限制在工程领域，你可能会发现产品管理很有吸引力，或者有创办公司的雄心，要有远大的目标和长远的考量。例如，你可以像下面这样说。

> 我们今天能谈谈职业生涯的路径吗？老实说，我不确定我能看到自己五年后在哪里，甚至我的选择是什么。你看到的一些常见的职业路径是什么，它们之间有什么区别吗？我很喜欢我目前的项目，但我也对安全领域感到好奇。是否有机会可以让我做一些与安全有关的工作呢？

如果你知道你想做什么，就让你的管理者也知道，并与他们合作，把你的工作引向你的目的地。管理者工作的一部分是使你的兴趣与公司的需求相一致，他们越了解你的兴趣，他们就越能将正确的机会引导到你前进的道路上。

在讨论完你的目标后要保持耐心，可用的机会只有这么多，最终要看你如何充分利用你所得到的机会。请认识到机会以多种

形式而存在：新项目、新挑战、要指导的实习生、演讲机会、要
写的博客文章、培训，或要合作的团队。在正确的视角下，你做
的每件事都是成长的机会。

> **建立你的支持网络**
>
> 　　给予反馈、处理某些状况，甚至就连知道什么是正常
> 的而什么是不正常的，都可能是困难的。在你的组织内部
> 和外部，受信任的同行团体是检验事情是否合理的好去处。
> 对于代表性不足的群体的成员来说，这种好处会翻倍。寻
> 找像 PyLadies、/dev/color 和其他社区的组织，他们可以讨
> 论你的情况并分享他们的故事和经验。

13.3.4　事情不顺时要采取行动

　　每名员工与管理者的关系都是独特的，所以很难给出一般性
的建议。每种情况都取决于公司、团队、管理者和员工。我们可
以肯定的是，如果你觉得事情不顺，你就应该积极行动起来。

　　关系和工作各有波峰、波谷，可能会发生短期的摩擦，但没
必要采取激烈的行动。然而，如果你感到持续的挫折、压力或不
快乐，你应该说出来。

　　如果你觉得合适，可以使用 SBI 框架（参见 13.3.2 小节）与
你的管理者交谈。如果你不愿意与你的管理者交谈，可以与人力
资源（human resource，HR）部门、你管理者的上级或其他导师交
谈。你所追求的方向取决于你与每一方的关系。如果你觉得没有
什么好的选项，就去人力资源部门寻求帮助。

　　人力资源部门的作用是保持稳定，使公司不受法律和合规性
问题的影响，这与使事情正确或公平并不完全相同。如果没有别
的诉求，与人力资源部门交谈可以确保你的担忧被记录在案。公

司确实倾向于对担忧的模式做出反应。

如果你被告知事情会发生变化，给你的管理者 3 到 6 个月的时间是合理的。管理者们需要考虑反馈意见并实施改变，流程甚至组织架构都可能要重新建立。展示变化的机会可能并不显眼，注意变化的"坡度"，事情是否在改善？你是否看到了通过具体行动表现出来的对改善的承诺？

如果时间过去了，你仍然不开心，可能是时候调到另一个内部团队或寻找新工作了。当你喜欢你的同事和公司时，内部调动效果不错。当问题比较系统化的时候，比如糟糕的业务、匮乏的领导力、有害的企业文化，换一家新公司会是更好的选择。调换团队可能很微妙，与你想转入的团队的管理者谈一谈，然后与你现在的管理者谈一谈。当你把工作交接给别人时，预计团队需要时间进行过渡，但不要让时间超过 3 个月。

镜中的程序员

德米特里的第一份软件工程师的工作几乎使他完全放弃了技术类的工作。他那几年的技术领导是个好心的人，是名非常优秀的程序员，很友善，但现在回想起来，他是一名绝对糟糕的管理者。他经常说"我以为加州大学伯克利分校（德米特里的母校）应该是一所好学校"和"一名真正的程序员应该如何如何"这样的话。他还会拿解雇其他人来开玩笑。他甚至在他的显示器上安装了一个自行车后视镜，以观察德米特里的屏幕。重点来了：他有充分的理由使用镜子。在这种环境下工作了几年后，德米特里变得完全丧失了动力，对自己的能力没有信心，而且经常很倦怠。他认真地考虑过放弃这一切，成为一名理疗师。

经过一番反思，德米特里决定去另一家公司试一试。他的下一份工作，从企业文化上看，是直接相反的。他的

> 新同事们并不自大，且技术丰富，并且相信只要有正确的
> 支持，德米特里可以解决他们提出的任何问题。德米特里
> 的信心增强了，随之而来的是他的动力、注意力和技能。
> 他的职业生涯出现了反弹，一切都成功了。但是，这些险
> 些没有发生，因为那名非常优秀的程序员是一名非常糟糕
> 的管理者。

失职的管理令人沮丧、徒增压力，甚至会阻碍你的职业发展。不是每名管理者都是优秀的，也不是每名优秀的管理者都适合你。如果你已经给出了反馈意见，并保持了耐心，但事情仍然没有进展，那就起身离开。

13.4　行为准则

需要做的	不应该做的
➤ 期望管理者能够平易近人且具有透明度	➤ 向管理者隐瞒困难
➤ 明确告知你的管理者你需要什么	➤ 仅仅把一对一面谈当作更新工作状态的会议
➤ 为一对一面谈设置议程	➤ 仅凭记忆进行自我总结
➤ 保有一对一面谈的纪要	➤ 给予他人肤浅的反馈
➤ 按照你希望收到的反馈来撰写具有可操作性的反馈	➤ 被 OKR 框住
➤ 跟踪工作成果，这样在自我评价时会更容易	➤ 将反馈视为攻击
➤ 采用 SBI 框架来减少反馈对个人的针对性	➤ 忍受糟糕的管理
➤ 考虑长期的职业目标	

13.5 升级加油站

一个了解你的管理者的好方法是读他们所读的书，工程管理类的图书将帮助你理解你的管理者为什么要做他们正在做的事情。这也会构建同理心，你会接触到他们所处理的一些难题。另外，你会学到有用的技能，能够给你的管理者提供更好的反馈。

首先阅读卡米尔·富尼耶的《技术管理之路：技术领导者应对增长和变化的指南》（*The Manager's Path: A Guide for Tech Leaders Navigating Growth and Change*，由 O'Reilly Media 出版社于 2017 年出版）。富尼耶的书会带领你经历从普通工程师到工程副总裁的管理者的必经阶段。它讨论了每个级别的管理者是如何具体工作的，并给出了关于管理流程如一对一面谈的更多细节。该书还将帮助你规划自己的职业道路。

威尔·拉森的《优雅谜题：工程管理的系统》（*An Elegant Puzzle: Systems of Engineering Management*，由 Stripe Press 出版社于 2019 年出版）对一名管理者所面临的诸多问题以及他们用来应对这些问题的框架进行了深入分析。

道格拉斯·斯通与希拉·汉合著的《高难度谈话 II：感恩反馈》将帮助你处理评审反馈。反馈是一个充满感情烦恼的话题，这本书给你提供了工具，让你从反馈中获得最大的收益，"即使它偏离了主旨，不公平，交付得很差，坦率地讲，你没有心情"。本书中的许多工具在其他类型的对话中也很有效。

玛丽·阿巴杰撰写的《向上管理：如何晋升，如何在工作中获胜以及如何与不同类型的上司一同获取成功》（*Managing Up: How to Move up, Win at Work, and Succeed with Any Type of Boss*，由 Wiley 出版社于 2018 年出版）将我们的"向上管理"部分提升到了一个新的高度。该书讨论了管理者的角色以及如何与他们打交道。它还对强硬的管理者提出了可靠的建议，并讨论了在该起身离开的时候需要怎么做。

安迪·格鲁夫的《格鲁夫给经理人的第一课：英特尔创始人自述》（*High Output Management*，已由中信出版集团于 2017 年引进出版）一书是工程管理方面的经典之作。该书成于 1983 年，记录了格鲁夫在英特尔时积累的哲学与实践——这些哲学塑造了现代工程管理。你应该读一读这本书，以了解历史背景，也因为它确实与本章息息相关。你的管理者也有可能读过这本书，所以你们可能会有一个共同的参考点。

第 14 章

职业生涯规划

———名软件工程师的职业曲线是漫长的，本书将带你走完旅程的开端。接在后面的是终身学习、技术领导力，甚至可能是走上管理岗位或创业。无论你选择何种职业路径，你都必须继续成长。

前面的章节着重于具体的工程活动，而在这一章中，我们将眼光放长远来看看未来的发展，给出职业生涯的建议，并分享一些结尾寄语。

14.1 迈向资深之路

职业发展阶梯列出了职级，并描述了每个级别期望达到的高度。阶梯中的职级头衔共同构成了一家公司的职业发展路径。各家公司的职级数量不尽相同，但通常有两个过渡表明资历发生了重大转变：从初级工程师或软件工程师到资深工程师，以及从资深工程师到主任工程师或首席工程师。

在第 1 章中，我们列举了资深工程师所应具备的技术能力、执行能力、沟通力和领导力。重要的是，资深工程师的工作范围和重点也会发生变化。初级工程师实现特性和完成任务，而资深工程师要处理更多的不确定性和模糊性。他们帮助确定工作内容、应对更大或更关键的项目，并且需要更少的指导。

主任工程师承担了更广泛的职责，甚至超出了他们团队的范畴。他们要对工程战略、季度规划、系统架构做出贡献，并且要确保工程流程的运转和政策的实施。主任工程师仍然在编写代码（而且编码很多），但要达到这个水平，仅仅是一名优秀的程序员还不够：你必须理解大局，并做出具有深远影响的决策。

在主任工程师这一级，职业发展阶梯通常会分为管理者和"个人贡献者"两条轨道。推进你个人的职业生涯并不需要管理他人，而且管理是一种完全不同的技能组合。如果你正在考虑走上管理道路，请阅读卡米尔·富尼耶的《技术管理之路：技术领导者应对增长和变化的指南》一书，以了解其中的内容。

14.2 职业生涯建议

成为资深工程师或主任工程师需要时间和毅力，但你可以通过对自己的职业发展负起责任来帮助自己。培养 T 型技能，参加工程师训练营，主导晋升过程，不要过于频繁地更换工作，并多自我调节。

14.2.1 T 型人才

软件工程有许多专业领域：前端、后端、运维、数据仓库和机器学习等。"T 型"工程师在大多数领域内都能有效地工作，并且至少是某一个领域的专家。

我们第一次接触到 T 型人才的概念是在 Valve 公司的《新员工手册》（*Handbook for New Employees*，你可以在 Valve 公司的官方网站上找到原文）。该手册将 T 型人才描述为：

　　……这些人既是通才（在一系列广泛的有价值的事

情上有很高的技能——T 的顶端横线），也是专家（在某个垂直领域中成为佼佼者——T 的竖线）。

作为一名 T 型工程师，你不会凭空地做决定，允许你做出涉及多个代码库的变更，并简化故障排除。通过将你的专业知识与理解不同系统的能力结合起来，你将能够解决那些令他人困惑的难题。

请从构建你的基本盘开始。构建基本盘会让你接触到不同的子领域，这样你就能找到自己的激情所在。寻找涉及其他团队的项目，诸如数据科学、运维、前端等。使用其他团队的代码，并询问是否可以在代码变更时贡献补丁或结对编程。当你遇到激起你兴趣的主题和问题时，深入研究以获得深度。

对你的团队来说，也要牢记广度/深度范式。每个人都有自己的专长和短板。你的队友不知道什么是 monad[①]并不意味着他们在其他方面不擅长。同样，如果你发现自己是对话中的新手，也不要对自己太苛刻，你会有其他方面的比较优势。

一个好的团队会有一个坚实的 T 型人才的组合。产品开发团队的成员有可能拥有不同的深度领域，而基础设施团队的成员则更有可能拥有共同的专长。

随着公司的发展，他们越来越多地为每个领域雇用专家，这将推动已经在公司工作的每个人也走向专业化（因为通才会发现自己可操作的领域越来越小）。这个过程可能会促使你走向专业化。或者，如果你已经有了 T 型的技能组合，请帮助自己去优雅地适应，因为你可以更多地依靠自己的专业。你甚至可能发现，一些加入公司的专家都没有你的广度（他们不是 T 型的），所以你可以帮助他们了解周围的环境以提高工作效率。

14.2.2　参加工程师训练营

许多公司都设有工程师训练营以鼓励学习、开发和共享的企

---

① 一种常见的函数式编程的理念。

业文化。招聘、面试、午餐会、研讨会、聚会、阅读小组、开源项目、学徒和导师计划都是可以参与的机会。

寻找并加入你最感兴趣的项目，你可以通过参加项目或领导项目来参与训练营。如果你发现你的公司没有组织良好的工程师训练营，那就创建一个吧。与管理层讨论你的想法，并寻找到愿意帮忙的热情的队友。

参与工程师训练营并做出贡献将有助于你的职业生涯。你将会建立关系，提高你在整个组织中的知名度，学习到新技能，并帮助影响公司文化。

14.2.3　主导你自己的晋升

理想情况下，你的管理者会在完全正确和公平的时间点对你晋升。但这个世界很少是理想的，所以你可能需要主导你自己的晋升。了解晋升的流程，确保你的工作是有价值的和可见的，当你认为自己接近下一个级别时，要大声说出来。

为了获得晋升，你需要知道如何评价你自己，以及晋升流程是什么样的。找到你公司的职业发展阶梯，以确定你在下一个级别所需的技能。与你的管理者讨论一下晋升流程。晋升是每年进行的吗？谁负责评估潜在的晋升？你是否需要一名导师、发起人或晋升资料袋（promotion packet）？

一旦你了解了评估标准和晋升流程，就进行自我评估，并获得他人的反馈。写一份简要的文件，列出你在职业发展阶梯中每一类取得的成就；找出你需要发展的领域；征求你的管理者、同行和导师的反馈意见。告诉人们你为什么要征求反馈意见，这样他们就知道你不只是在寻求安慰。你要挖掘出具体细节。

- "如果你将我的设计文档与一些 Level 3 工程师的设计文档进行对比，是否能看到明显的差异？"
- "你说我编写的测试很优秀。你认为我编写的哪些测试是优秀的？不太好的测试的例子是什么？我们公司有谁编写了很棒的测试？我做的和他们所做的有什么不同？"

如果你收到了不认同的反馈，试着理解这些反馈来自哪里。其他人可能对你的工作有不完整的视角，或者你工作的价值可能不被认可。也许团队的洗牌让你没有一个完整的项目可以参考，或者是你对自己工作的评价有点儿偏差，你需要重新调整。与你的管理者坦诚地交流，解决反馈不一致的问题。

在你自我评估并收到反馈后，与你的管理者一起回顾所有的内容，并制订一个计划来填补差距。请期待收到一些有关加入工程师训练营或可以锻炼技能的项目和实践的建议。

当人们因为错误的原因期待晋升时，往往会感到失望。一个有前途但未完成的项目还不够，管理者们希望看到结果。技术技能是必要的，但还不够：你必须与他人愉快地合作，为团队目标做出贡献，并帮助到组织。晋升不是时间的线性函数：无论你在你的工作中是 1 年还是 5 年，影响力才是最重要的。当你遇到下一个级别时，期望在晋升前的 3 到 6 个月就达到那个高度，这样你就能证明你能始终如一地满足标准。

说到晋升谈话，时机很重要。在你认为你已经准备好晋升之前，大约在你达到一半的时候，就开始这些谈话。尽早参与，使你和你的管理者都有时间进行协调并解决差距问题。如果你已经拖到了你认为你应该得到晋升，但你的管理者并不同意的时候，晋升谈话就会变成如何解决冲突，而不是提出一个计划。

最后，要注意职业发展阶梯反映的是常见的模式，并不是对每个人都合适。日常工作需要广泛的影响力和"粘合剂"（协调、流程改进、文档、沟通等）。在资深工程师及以下的职级，职级需求往往更多的是以纯编码能力来进行描述的。这就给初级工程师带来了难题，他们虽然承担了一些必不可少的非编码工作，但这些工作并没有附带 Git 提交。这就导致这些工程师花在编码上的时间较少，所以他们的晋升就被推迟了，或者他们被推到了一个不同的角色上，如项目管理。塔尼娅·赖利的演讲和博文建议，如果你的管理者不认为你贡献的价值是晋升的途径，你就不要再做胶水工作了——即使它会在短期内伤害团队。这让人如鲠在喉，而且可能看起来不公平，但是让事情公平的责任在管理层，而不在你。

14.2.4　换工作需谨慎

换工作可以拓展你的技能和人脉，但频繁地换工作会阻碍你的成长，在招聘经理的眼里也很难看。没有充分的理由就不要换工作。

资深工程师需要利用过去的经验来指导决策。如果你不断地更换工作，你永远不会看到你的决定是如何长期发挥作用的，这将阻碍你发展作为高级工程师所需的直觉。招聘经理把简历上的一系列短期工作看成是一种警告：他们担心你会在形势严峻时或最初的"蜜月期"结束后立即离开。

害怕错过（fear of missing out，FOMO）并不是一个换工作的好理由。从外面看起来，其他公司似乎有更新的技术、更酷的问题，而且没有你目前公司的复杂情况。"邻家芳草绿，隔岸风景好"，但所有的公司都有问题。如果你担心错过机会，可以在聚会和会议上接触新的想法。雇主通常会支付职业发展甚至是学校教育的费用。如果你的日程安排允许，开源项目和副业项目也是保持新鲜感的好方法。你也可以考虑留在同一家公司，但更换团队。

当然，即使在短暂的任期内，也有很好的理由去更换工作。有些公司或团队并不适合你，与其任由事情拖下去，不如迅速地摆脱糟糕的局面。特殊的机会不会在方便的时间内出现，但当它出现时，你应该对它们持开放的态度。让自己接触不同的技术栈、同事和工程师团体也有价值。工程师的工资一直在快速增长，你的公司可能不会像市场那样快速地加薪。可悲的是，换工作往往更容易赶上市场的步伐。但是，如果你仍然有适当的薪酬、成长和学习，就请坚持你现在的工作。看到团队、公司和软件随着时间的推移而不断发展是非常有价值的。

反过来说，不要待得太久。工作僵化、停滞不前是改变现状的正当理由。在一家公司工作时间长的工程师自然会成为"历史学家"，他们教导工程师事情是如何运转的、谁知道什么，以及为什么事情是按照他们的方式完成的。这样的知识是有价值的，甚至是一名主任工程师职责的一部分，但如果你的价值更多来自过去的工作而不是现在的贡献，那么它就会阻碍你的成长。更换公司并在一个新的环境中找到自己，可以重启你的成长。

14.2.5 自我调节

软件领域的工作并不是没有压力的。工作可能很忙碌，竞争很激烈，技术发展又很快，而且总是有更多的东西需要学习。你可能会觉得有太多的事情发生得太快了。新工程师的反应往往是更加努力、工作时间更长，但这是造成倦怠的关键因素。休息一下，短暂脱离，不要让自己过度劳累。

工程师们有时会浪漫化 14 小时的工作时长和办公桌下的睡袋，但马拉松式的编程和缺乏睡眠会损害你的代码、身体健康和个人社交。研究人员在研究睡眠对开发者表现的影响时发现，"一晚上的睡眠不足会导致代码实现的质量下降 50%"（"需要睡眠：一晚的睡眠不足对新手开发者表现的影响"，《IEEE 软件工程专题报告》，2020）。是的，你偶尔会持续工作很长时间，但不要让它成为一种习惯，或者更糟的是，成为你的身份。长时间的工作和睡眠不足是不可持续的，债务总要被偿还。

即便你有一张健康的工作时间表，每月工作的劳累也会让你疲惫不堪。利用年假和学术休假来短暂脱离。一些工程师喜欢在年终时休一个长假，而一些人则每季度休一次假以避免疲劳。找到适合你自己的方式，但不要让假期白白浪费。大多数公司都规定了你可以累积的最多的年假天数，一些公司还提供学术休假，通常是 1 到 3 个月的延长休息时间，以供你探索和更新。

你的职业生涯是一场马拉松，而不是短跑冲刺——你有几十年的时间。给自己定下节奏，享受这段旅程吧！

14.3　结尾寄语

软件工程师是一个伟大的职业，充满了迷人的挑战。你可以为任何行业做出贡献，从科学到农业、健康、娱乐，甚至是太空探索。你的工作可以改善数十亿人的生活。与你喜欢的人一起工作并解决你所热衷的问题，你就可以完成伟大的事情。我们为你加油，祝你好运！